GUIDE FOR INSPECTION ON IMPLEMENTATION OF COSMETICS GMP

化妆品生产质量管理规范实施检查指南

第二册

国家药品监督管理局食品药品审核查验中心　组织编写

田少雷　主编

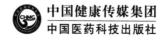

中国健康传媒集团

中国医药科技出版社

内 容 提 要

《化妆品生产质量管理规范》是化妆品注册人、备案人、受托生产企业建立并实施化妆品生产质量管理体系的基本准则。

本指南第二册为分论，根据化妆品的类别编写，包括5种特殊化妆品（即染发化妆品、烫发化妆品、祛斑美白化妆品、防晒化妆品、防脱发化妆品）和5类较高风险化妆品（包括儿童化妆品、眼部化妆品、唇部化妆品、彩妆类化妆品、牙膏），共10章。每章内容包括产品概述、国内外相关监管要求、常见违法行为及安全风险、检查重点及方法、企业常见问题及案例分析等内容。

本指南可作为各级化妆品监管人员、检查员的培训用书，同时可供化妆品注册人、备案人及化妆品生产企业相关人员学习参考。

图书在版编目（CIP）数据

化妆品生产质量管理规范实施检查指南.第二册／国家药品监督管理局食品药品审核查验中心组织编写；田少雷主编.—北京：中国医药科技出版社，2023.6

ISBN 978-7-5214-3941-0

Ⅰ.①化… Ⅱ.①国…②田… Ⅲ.①化妆品－生产技术－质量管理－中国－指南

Ⅳ.① TQ658-62

中国国家版本馆 CIP 数据核字（2023）第 102374 号

责任编辑　于海平

出版　中国健康传媒集团｜中国医药科技出版社
地址　北京市海淀区文慧园北路甲 22 号
邮编　100082
电话　发行：010-62227427　邮购：010-62236938
网址　www.cmstp.com
规格　787 × 1092mm ¹/₁₆
印张　10
字数　140 千字
版次　2023 年 6 月第 1 版
印次　2023 年 6 月第 1 次印刷
印刷　北京盛通印刷股份有限公司
经销　全国各地新华书店
书号　ISBN 978-7-5214-3941-0
定价　80.00 元

获取新书信息、投稿、为图书纠错，请扫码联系我们。

编 委 会

主　编　田少雷

副主编　田育苗　陈　晰

主　审　刘　恕　谢志洁

编　者　（按姓氏笔画排序）

　　　　王春兰　田少雷　田青亚　田育苗

　　　　付泽朋　吕笑梅　竹庆杰　杨珂宇

　　　　陈　晰　陈芳莉　贾　娜　高敬雨

审校者　（按姓氏笔画排序）

　　　　刘　恕　吴生齐　陆　霞　陈海燕

　　　　邱磊生　钟雪峰　谢志洁

前　言

化妆品是指以涂擦、喷洒或者其他类似方法，施用于皮肤、毛发、指甲、口唇等人体表面，以清洁、保护、美化、修饰为目的的日用化学工业产品。与其他种类的普通日用化学工业产品不同，化妆品直接施于人体表面，是直接关系到消费者的美丽、健康与安全的特殊日用化学工业产品。

国务院2020年6月16日发布的《化妆品监督管理条例》（以下简称《条例》）第六条明确规定"化妆品注册人、备案人对化妆品的质量安全和功效宣称负责。"强调化妆品注册人、备案人应当承担化妆品质量安全的主体责任。化妆品注册人、备案人可以自行生产化妆品，也可以委托其他企业生产化妆品。鉴于化妆品的质量属性是在生产过程中形成的，因此规范化妆品生产企业的生产行为，确保其持续稳定地生产出符合质量安全要求的产品，是保障化妆品质量安全的关键。《条例》第二十九条规定"化妆品注册人、备案人、受托生产企业应当按照国家药品监督管理局制定的化妆品生产质量管理规范的要求组织生产化妆品，建立化妆品生产质量管理体系"。同时，《条例》第六十条还明确了"未按照化妆品生产质量管理规范的要求组织生产"的法律责任。所以实施《化妆品生产质量管理规范》（以下简称《规范》）是《条例》对我国化妆品注册人、备案人及生产企业的强制要求。为了落实《条例》规定，国家药品监督管理局参考国际化妆品质量管理的实践经验，结合我国化妆品生产行业的实际情况，制定了《规范》，于2022年1月6日正式发布，自2022年7月1日起正式施行。为了配合《规范》的实施，国家药品监督管理局于2022年10月25日发布了《化妆品生产质量管理规范检查要点及判定原则》。

《规范》是化妆品注册人、备案人、受托生产企业建立并实施化妆品生产质量管理体系的基本准则，通过对化妆品生产的"人、机、料、环、法、测"各个环节实行全过程控制和追溯性管理，对避免和降低化妆品生产过程中污染和交叉污染以及各种差错或偏差带来的风险，确保企业持续稳定地生产出符合质量安全要求的化妆品具有非常重要的作用。《规范》在我国化妆品行业的全面实施，将有利于提高我国化妆品生产企业的质量管理水平，保证化妆品产品的质量安全，保障广大消费者的用妆安全，并促进化妆品行业的健康发展。

鉴于《规范》在我国首次发布和实施，无论化妆品注册人、备案人和生产企业，还是化妆品监督、检查人员都需要深入学习和系统理解其要求和相关知识。因此，我们组织多年从事化妆品监督检查的资深专家和专职检查员编写了本实施检查指南，可作为各级化妆品监管人员、检查员的培训教材和工作指导用书，也可供业界生产和质量管理人员参考。

本指南分两册出版。第一册为总论，是对《规范》内容、检查重点及检查方法的全面阐述。第二册为分论，根据化妆品的类别编写，包括5种特殊化妆品（即染发化妆品、烫发化妆品、祛斑美白化妆品、防晒化妆品、防脱发化妆品）和5类较高风险化妆品（包括儿童化妆品、眼部化妆品、唇部化妆品、彩妆类化妆品、牙膏），共10章。每章内容包括产品概述、国内外相关监管要求、常见违法行为及安全风险、检查重点及方法、企业常见问题及案例分析等内容。

本书在编写过程中注重了专业性、指导性和基于问题导向和风险控制的原则。一是专业性，对每类产品的概念定义、作用机理、工艺流程、常用功效原料、法规要求等进行了简要的阐述，让读者首先对各类产品有一个全面而基本的了解，这也是检查员做好各类产品检查工作的必备知识基础。二是指导性，对每类产品的国内外法规要求进行了介绍，让读者既重点把握我国对各类产品的相关法规要求，也对国际主要化妆品生产国家或地区（欧、美、日、韩）的法规有所了解，以开阔国际视野。三是基于问题导向和风险控制的原则，在对每类产品近年常见的违法行为和安全风险进行系统、客观汇总分析基础上，针对性地提出各类产品现场检查的重点和方法，以帮助监督检查人员更有靶向性地发现化妆品企业存在的影响产品质量安全的问题缺陷以及违法违规行为，同时也方便企业人员做好《规范》实施情况和质量管理体系的自查，主动预防控制产品质量安全风险。此外，各章均列出了企业在实施GMP方面存在的常见问题和典型案例分析，供读者学习时参考。每章后均附有参考文献，以方便有需要的读者延伸阅读。

本指南在编写过程得到了国家药品监督管理局化妆品监管司和食品药品审核查验中心（以下简称"核查中心"）领导的大力支持。第二册仍由核查中心专家级检查员田少雷主任药师策划并主持编写。各章内容分别由核查中心等单位10余位专职国家级化妆品检查员编写，最后由田少雷统稿，并邀请上海市医疗器械化妆品审评核查中心刘恕正高级工程师和中国药品监督管理研究会化妆品监管研究专业委员会谢志洁主任委员等专家审校全书。

受时间和编者水平所限，书中难免存在不妥、疏漏之处，请广大读者不吝指正。

编 者

2023年6月5日

目　录

第一章

染发化妆品检查技术指南

一、产品概述

（一）产品定义

染发化妆品是以改变头发颜色为目的，使用后即时清洗不能恢复头发原有颜色的化妆品。染发化妆品按形态可分为乳膏型、凝胶型、摩斯、粉剂、水剂等。按剂型可分为单剂型和双剂型两类。按染发原理可分为氧化型染发化妆品和非氧化型染发化妆品两类。

近年来，我国染发化妆品市场持续增长，其消费人群从老年人逐渐向中青年人群扩展，染发颜色也从单一的白染黑向多元化的发色发展。市场上的染发类产品也多种多样，以满足不同年龄阶段人群的头发修饰、美化或时尚需求。

（二）主要作用机理

1．头发的基本结构

头发横断面从外至内依次为毛小皮、毛皮质和毛髓质。毛小皮又称毛表皮、毛鳞片等，覆盖在头发表面，从发根到发梢以瓦片状排列。毛皮质紧密包裹在毛髓质的周围，是毛干的主要成分。皮质细胞基质中含有色素颗粒——真黑色素和类黑色素，真黑色素是黑色或棕色，类黑色素是黄色或红色。色素颗粒的种类和多少直接决定着头发的颜色。毛髓质位于头发的中心，其内部有无数微小的气囊。这些饱含空气的气囊具有隔热的作用，同时也可以提高头发的强度和刚性。

2．作用机理

染发化妆品一般可按染发原理分为氧化型染发化妆品和非氧化型染发化妆品。目前使用较多的为氧化型染发化妆品。

氧化型染发化妆品大多由两剂组成，分别称为染剂和氧化剂（也称显色剂），或者称为Ⅰ剂和Ⅱ剂。染剂主要包含染料中间体、耦合剂和碱性成分；氧化剂主要包含氧化性物质。使用前需将两剂内容物混合。碱性成分可以使毛鳞片膨胀，令其他成分更容易进入毛皮质层，并可以与氧化剂反应生成活性氧。活性氧有双重作用：一是将黑色素分解脱色，令发色变浅，使得深发色染为其他发色的时候更容易呈现染料的颜色。二是与染料中间体发生氧化反应，然后在耦合剂作用下发生耦合反应，最终形成大分子染料滞留在头发内，使头发较为持久的呈色。

非氧化型染发化妆品在使用过程中不发生氧化反应，一般采用分子量较小的染料，通过渗透作用进入毛皮质而使头发呈色。

上述两类染发化妆品作用机理见图1-1。

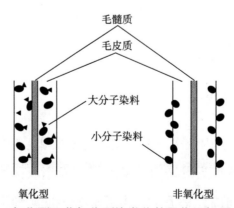

图1-1　氧化型及非氧化型染发化妆品作用机理示意图

（三）常见功效成分

染发化妆品的主要功效成分即为染发剂。根据《化妆品安全技术规范》（2015年版）的定义，染发剂是指改变头发颜色而在化妆品中加入的物质。

常用染发剂一般为酚类或胺类染料，例如间苯二酚、间氨基苯酚、对苯二胺、对氨基苯酚等。染发剂的种类、用量等因素均会影响所染发色。一般来说，对苯二胺可以将头发染为棕色至黑色，对氨基苯酚可以将头发染为淡茶褐色，间氨基苯酚可以将头发染为深灰色。

染发化妆品中最为常用的氧化剂成分为过氧化氢。

（四）生产工艺流程

染发剂的常见生产工艺流程见图1-2。

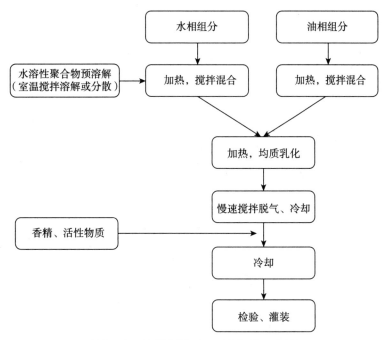

图1-2 染发剂生产工艺流程示意图

二、国内外相关监管要求

（一）国内相关监管要求

根据《化妆品监督管理条例》规定，所有染发化妆品均归为特殊化妆品，需经国家药品监督管理局注册后方可生产、进口。

对于年龄在12岁以下（含12岁）的儿童，由于其皮肤具有与成人不同的生理特点，免疫功能尚不成熟，对外来物质更加敏感，使用染发化妆品更易引发安全问题，因此，根据《化妆品分类规则和分类目录》规定，使用人群为儿童的化妆品不可以宣称具有染发功效。《儿童化妆品监督管理规定》进一步明确，儿童化妆品不允许使用以染发为目的的原料，如因其他目的使用可能具有染发功效的原料时，应当对使用的必要性及针对儿童化妆品使用的安全性进行评价。

在染发化妆品设计研发过程中，应当从《化妆品安全技术规范》规定的准用染发剂清单中选择染发剂，同时严格执行产品中染发剂的最大允许使用浓度、限制使用条件及标签标注等相关要求。我国《化妆品安全技术规范》（2015年版）中列出了74种具体准用染发剂，2021年国家药监局更新《化妆品禁用原料目录》时，将其中2种染发剂（2-氯对苯二胺和2-氯对苯二胺硫酸盐）纳入了禁用原料目录，因此目前准用染发剂为72种。

根据《化妆品注册和备案检验工作规范》要求，在注册备案所需开展的检验及安全性评价中，所有染发化妆品需要检测铅、砷、汞、镉及所使用染发剂的含量，并开展急性眼刺激性试验及皮肤变态反应试验。此外，非氧化型染发化妆品需要检测微生物项目，氧化型染发化妆品需要开展细菌回复突变试验及体外哺乳动物细胞染色体畸变试验。《化妆品安全技术规范》（2015年版）中列出的染发剂检验标准主要包括"碱性橙31等7种组分高效液相色谱法""对苯二胺等8种组分高效液相色谱法""对苯二胺等32种组分高效液相色谱法"。

在染发化妆品生产过程中，企业应当遵守《化妆品生产质量管理规范》的各项要求。需要重点关注的是染发化妆品的生产工艺属于第二十三条所述的不易清洁的生产工序，应当在单独的生产操作区域完成，使用专用的生产设备，并采取相应的清洁措施，以防止交叉污染。

（二）国际相关监管要求

国际上大部分国家或地区将染发产品作为化妆品进行监管。

在美国，染发化妆品在上市前与其他化妆品一样采用自愿注册制，但产品中所用的着色剂却需要经过美国食品药品管理局（U.S. Food and Drug Administration，FDA）的审批和重点监管。化妆品中使用的着色剂必须通过美国FDA的审批，且应当严格符合相关法规要求和限制条件。除了审批程序以外，拟用于在美国销售的化妆品的一些着色剂（主要来源于石油，称为"煤焦油染料"或"有机合成"颜料）还需要通过美国FDA的批量认证。根据美国《联邦食品、药品和化妆品法案》，除煤焦油染发剂外，不符合美国着色剂要求会被认定为化妆品掺假。需要说明的是，美国2022年12月29日新发布的《2022化妆品监管现代化法案》明确化妆品将从自愿注册制改为强制注册制。

欧盟在《欧盟化妆品法规（EC）》No.1223/2009的附录3限用物质表中规定了欧盟允许使用的染发剂及其限制使用的染发化妆品类型、最大允许使用浓度、其他限制条件及产品标签须标识内容等。

日本将染发化妆品归类为医药部外品，韩国将氧化型染发化妆品归类为机能性化妆品，较一般化妆品而言，均进行更为严格的监管。产品使用原料需要遵守本国禁用原料和限用原料清单的要求，并完成事前产品审查或审批。

三、常见违法行为及安全风险

鉴于染发化妆品尤其是氧化型染发化妆品具有较高的安全风险,我国化妆品监管部门一直将染发化妆品作为重点监管对象。此类产品较容易引发不良反应,在监督抽检中不合格率一直位居前列,近年来的舆论热点事件中染发护发产品相关内容也较多。目前,染发化妆品存在的问题和安全风险主要包括:

(一)非法添加禁用原料

在染发剂中使用禁用原料会给消费者带来较大的安全风险,目前在监督抽检中较常见的禁用原料为邻氨基苯酚和间苯二胺,其中以邻氨基苯酚最为多见。

邻氨基苯酚有致敏作用,能引起支气管哮喘及接触性变应性皮炎,此外,还可能导致高铁血红蛋白血症。欧盟消费者安全科学委员会(Scientific Committee on Consumer Safety,SCCS)认为邻氨基苯酚安全性资料不足,无法得出安全性结论。基于此评估,欧盟于2013年修订《欧盟化妆品法规》EC No 1223/2009时,将邻氨基苯酚列入化妆品禁用原料。在我国《化妆品卫生规范》(2007年版)中邻氨基苯酚为准用染发剂,在《化妆品安全技术规范》(2015年版)中,基于安全考虑,已将邻氨基苯酚纳入禁用组分清单。但部分企业仍在非法添加邻氨基苯酚作为染发剂。

间苯二胺属于世界卫生组织国际癌症研究机构公布的3类致癌物。吸入其蒸汽或者粉尘会引起气喘和其他呼吸道疾病。透皮吸收可能影响肾脏、肝脏功能,导致高铁血红蛋白血症。《化妆品安全技术规范》(2015年版)将其列为禁用原料。

(二)准用染发剂用量超限值

即使是准用染发剂,在染发化妆品配方设计和生产中也需要严格遵守

《化妆品安全技术规范》中的限量要求，一旦超过限量将可能带来对消费者健康的危害风险。

较常见的超限量使用的准用染发剂包括苯基甲基吡唑啉酮、2,6-二氨基吡啶、对苯二胺、2-氨基-3-羟基吡啶和对氨基苯酚等。其中对苯二胺在《化妆品卫生规范》（2007年版）中限量为6.0%，而《化妆品安全技术规范》（2015年版）中限量降为2.0%。部分企业可能仍用了《化妆品卫生规范》（2007年版）的限量要求，导致这种染发剂的超限量使用。上述其他染发剂，在技术规范修订过程中限量值未变化甚至放宽了限量，仍出现超限量使用，可能原因如下：一是由于生产质量管理体系不健全，导致产品质量不稳定，出现小幅度的超限量情况；二是由于企业漠视法规要求，为追求更好的染发效果，擅自增加染发剂用量，导致较大幅度的超限量情况。

（三）实际成分与注册配方不一致

在近3年的监督抽检中，此类问题在染发化妆品不合格原因中占比最高，高达90%以上。其主要表现形式既有未检出注册配方、标签中应有的成分，也有检出了注册配方、标签中本没有的成分。两种情况相比较，后者更为突出。部分企业法律意识淡薄，为了节约新产品注册申报的时间、资金和人力成本或者改善染色效果，在生产中直接添加了注册配方中没有的某些准用染发剂。这样的做法使得注册配方、标签的成分标识流于形式，监管部门及消费者无法获知实际的产品成分，可能导致消费者出现预料以外的不良反应，增加监管部门对产品不良反应调查、风险监测等的困难。未检出注册配方、标签中成分的情况对消费者健康危害相对较小，主要影响产品功效宣称的实现，但也属于违反《化妆品监督管理条例》规定的行为。

（四）虚假宣称

染发化妆品的安全性是消费者考虑是否购买的重要因素，但一些消费者有一个误区，认为"绿色""天然"成分更加安全，所以部分企业为了迎合这一需求，会在标签上标注"纯天然""无化学试剂"等。实际上，目前我国所有合法染发化妆品都是含有化学成分的，即使企业添加一些植物提取物作为调理剂等，但是并不能替代化学物质作为染发剂，所以上述说法属于虚假、绝对化的违规宣称，会较大程度误导消费者。

（五）导致不良反应

染发化妆品较其他化妆品更容易引起不良反应，且严重不良反应发生率相较其他类别化妆品更高。这主要是由于染发化妆品中使用的染发剂及氧化剂可能会导致消费者患化妆品接触性皮炎、毛发损害、荨麻疹、光敏性皮炎等。主要表现为皮损红斑、丘疹、斑丘疹、水肿、渗出等，发生部位以头皮、额部为主，颈部、面颊、耳周为辅。虽然绝大部分不良反应患者经过治疗会好转或者治愈，但仍有少部分患者会产生后遗症。所以，即便是使用合法的染发化妆品也需要严格按照使用方法使用，并在染发前至少48小时选择一小块皮肤进行预警测试，以了解是否有发生不良反应的潜在风险。

（六）其他问题

主要包括注册批件过期、标签及标签内容缺失、标签不规范等。例如某些产品标签成分表中出现"可能含有×××""×××类""染料中间体"这类模糊、宽泛的表述。

四、检查重点及方法

根据染发化妆品的产品特点、常见问题和安全风险，现场检查时，除了依据《化妆品生产质量管理规范检查要点及判定原则》的通用要求检查外，需重点关注如下内容。

1. 检查企业的生产许可项目是否包含染发化妆品剂型相关的生产单元。

2. 检查企业物料、产品标准是否符合相关法律法规、强制性国家标准、技术规范等相关要求，检验方法是否符合或者经验证可满足现行《化妆品安全技术规范》等相关技术规范要求。

3. 检查企业生产的染发化妆品是否均获得注册证书，是否存在多种色系产品套用一个产品注册证书的情况。

4. 检查企业是否建立并执行记录管理制度，与染发化妆品有关的记录是否真实、完整、准确，清晰易辨。

5. 检查企业是否能够保证物料采购、产品生产、质量控制、贮存、销售和召回等全部活动可追溯。是否制定并严格执行批号管理规则。

6. 检查企业是否建立并执行质量管理体系自查制度，尤其在染发化妆品抽样检验结果不合格时，是否按规定及时开展自查并进行整改。

7. 检查企业是否制定染发剂等原料、内包材、半成品以及成品的质量控制要求，这些要求是否符合强制性国家标准和技术规范要求，是否与染发化妆品注册资料载明的技术要求一致。

8. 检查企业是否配备与生产的化妆品品种、数量和生产许可项目等相适应的实验室、检测环境、检验人员以及检验设施、设备、仪器和试剂、培养基、标准品等，是否按照产品出厂检验标准进行检验。

9. 检查染发化妆品的生产工序是否设置单独生产操作区域或者物理隔断，是否使用专用生产设备。

10. 检查企业是否建立并执行生产设备、管道、容器、器具的清洁消毒操作规程，尤其是不易清洁的生产工序是否采取相应的清洁措施防止交叉污染。

11. 检查企业是否建立并执行物料供应商遴选制度，是否对染发剂、动植物提取物等原料供应商进行了重点审核。

12. 检查企业是否存在使用禁用原料、未经注册或者备案的新原料、超出使用范围、限制条件使用限用原料和准用染发剂等，原料、外购半成品、内包材是否符合法律法规、强制性国家标准、技术规范的要求。

13. 检查企业是否建立并执行物料进货查验记录制度，是否按照物料验收规程检验或者确认到货物料，验收物料是否与采购合同、送货票证一致，是否达到物料质量要求。

14. 检查企业是否建立并执行标签管理制度，产品的标签是否符合相关法律法规、强制性国家标准、技术规范的要求；是否存在擅自更改销售包装上使用期限的行为，是否标注应有的安全警示用语。

15. 检查企业生产指令中的产品配方是否与染发产品注册资料载明的配方一致。

16. 检查企业的产品生产工艺规程、岗位操作规程是否与染发产品注册资料载明的技术要求一致。

17. 检查生产部门是否根据生产工艺规程、岗位操作规程及生产指令进行生产，并真实、完整、准确地填写生产记录。核实生产过程中实际投料、注册资料载明配方及标签全成分三者是否一致，尤其是染发剂是否完全一致。

18. 检查企业是否建立并执行生产清洁消毒制度，是否在生产后及时清场。在下一个产品，尤其是采用不同染发剂的产品生产开始前，是否对生产车间环境、生产设备、周转容器状态和清洁（消毒）状态标识等进行确认，确保符合生产要求。

19. 检查企业是否对生产过程使用的物料以及半成品全程清晰标识，可追溯；是否建立半成品使用期限管理制度，及时处理超过使用期限未填充或者灌装的半成品，并留存相关记录。

20. 检查产品是否经检验合格且相关生产和质量活动记录经审核批准后方予以放行。

21. 检查企业是否建立并实施化妆品不良反应监测和评价体系，配备与其生产化妆品品种、数量相适应的不良反应监测机构和人员；企业是否按照规定开展不良反应监测工作，并形成监测记录。

五、企业常见问题及案例分析

（一）常见问题

1. 生产未注册产品。例如存在"一号多色"情况，即只取得了一个染发化妆品注册证，但实际生产多种颜色相近的系列产品。

2. 未建立并执行物料供应商遴选制度及物料审查制度。

3. 未建立并执行物料进货查验记录制度，或者未按照物料验收规程对到货物料检验或者确认。

4. 实际生产的配方与注册配方、标签中标注的全成分不一致。

5. 违法添加邻氨基苯酚、间苯二胺等禁用原料。

6. 苯基甲基吡唑啉酮、对苯二胺等准用染发剂超限量。

7. 不易清洁的生产工序未设置单独生产操作区域或者物理隔断；未使用专用生产设备。

8. 不易清洁的生产工序未采取适当的清洁措施，易造成交叉污染。

9. 不能提供产品批生产、检验记录或者批生产、检验记录不完整。

10. 未按规定的贮存条件及贮存期限贮存半成品；半成品标识不完整、不清晰，缺少名称、代码、生产日期或者批号、数量等信息。

11. 未建立并执行追溯管理制度；批号管理混乱，甚至捏造批号。

12. 成品标签标注虚假注册人、受托生产企业；使用苯二胺类染发剂的产品未按法规要求标注警示语"含苯二胺类"。

（二）案例分析

案例 检查员在检查化妆品生产A企业时，在包装车间发现多种染发化妆品（染发颜色分别为黑色、红棕色、棕色、深灰色）的包装盒，上面印刷的注册人、生产企业均为A企业。经查询国家药监局数据平台，A企业仅注册了1个黑色染发化妆品。

讨论分析 根据《化妆品监督管理条例》，用于染发的化妆品属于特殊化妆品，特殊化妆品经向国家药品监督管理局注册后方可生产、进口。目前行业中染发化妆品"一号多色"的违法行为时有发生。上述案例中，A企业仅注册了1个染发化妆品，却在车间里发现有多种染发化妆品包装盒，这一线索提示可能存在《化妆品监督管理条例》第五十九条所述的"生产经营或者进口未经注册的特殊化妆品"的违法行为，需要通过进一步检查予以明确。检查员可以对原料、半成品、成品仓库及生产车间、留样室、检验室等进行现场检查，同时，可以重点查阅各类染发剂的出入库台账、染发化妆品批生产记录、成品仓库出库记录、销售台账等。

六、思考题

1. 氧化型染发化妆品的作用机理是什么？

2. 染发化妆品常见的安全风险有哪些？

3. 在检查染发化妆品过程中，应重点关注哪些环节？

（陈晰编写）

参考文献

［1］国家药品监督管理局. 国家药监局关于发布《化妆品分类规则和分类目录》的公告（2021年第49号）［EB/OL］.（2021-04-09）［2022-07-01］. https：//www.nmpa.gov.cn/zhuanti/hzhpxch2021/hzhp2021fgwj/20210409160151122.html.

［2］刘玉荣，郝淑超. 从化学视角剖析烫发、染发原理及顺序［J］. 化学教育. 2022，43（21）：1-6.

［3］国家食品药品监督管理总局. 国家食品药品监督管理总局关于发布化妆品安全技术规范（2015年版）的公告（2015年第268号）［EB/OL］.（2015-12-23）［2022-07-01］. https：//www.nmpa.gov.cn/hzhp/hzhpggtg/hzhpqtggg/20151223120001986.html.

［4］叶孝轩，王明召. 氧化型染发剂简介［J］. 化学教学. 2008，1：52-54.

［5］李丽，董银卯，郑立波. 化妆品配方设计与制备工艺［M］. 北京：化学工业出版社，2022：225.

［6］国务院. 化妆品监督管理条例［EB/OL］.（2020-06-29）［2022-07-01］. http：//www.gov.cn/zhengce/content/2020-06/29/content_5522593.htm.

［7］国家药品监督管理局. 国家药监局关于发布《儿童化妆品监督管理规定》的公告（2021年 第123号）［EB/OL］.（2021-10-08）［2022-07-01］. https：//www.nmpa.gov.cn/xxgk/ggtg/qtggtg/20211008171226187.html.

［8］国家药品监督管理局. 国家药监局关于更新化妆品禁用原料目录的公告（2021年 第74号）［EB/OL］.（2021-05-28）［2023-03-06］. https：//www.nmpa.gov.cn/xxgk/ggtg/qtggtg/20210528174051160.html.

［9］国家药品监督管理局. 国家药监局关于发布实施化妆品注册和备案检验工作规范的公告（2019年第72号）［EB/OL］.（2019-09-10）［2022-07-01］. https：//www.nmpa.gov.cn/hzhp/hzhpfgwj/hzhpgzwj/20190910153001302.html.

［10］国家药品监督管理局. 国家药监局关于发布《化妆品生产质量管理规范》的公告（2022年第1号）［EB/OL］.（2022-01-07）［2022-07-01］. https：//www.nmpa.gov.cn/hzhp/hzhpfgwj/hzhpgzwj/20220107101645162.html.

［11］U.S. Food & Drug Administration. Color Additives and Cosmetics：Fact Sheet［EB/OL］.（2022-06-28）［2023-03-06］. https：//www.fda.gov/industry/color-additives-specific-products/color-additives-and-cosmetics-fact-sheet.

［12］European Union. Regulation（EC）No. 1223/2009 of the European parliament and of the council of 30 November 2009 on cosmetic products［EB/OL］.（2022-12-17）［2023-

03-06］. https：//eur-lex.europa.eu/legal-content/EN/ALL/?uri=celex%3A32009R1223.

［13］韩国食品医药品安全部. 化妆品法，法律第18448号［EB/OL］.（2021-08-17）
［2023-03-06］. https：//www.law.go.kr/LSW/lsLinkProc.do?lsNm=%ED%99%94%EC%9E%
A5%ED%92%88%EB%B2%95&mode=20&chrClsCd=010202#J2：0.

［14］国家药品监督管理局. 2021年国家化妆品监督抽检年报［EB/OL］.（2022-
03-21）［2022-07-01］. https：//www.nmpa.gov.cn/hzhp/hzhpjgdt/20220321165109138.html.

［15］中国健康传媒集团. 2020年度化妆品舆情报告 透视化妆品舆情的"变"与
"不变"［EB/OL］.（2021-05-25）［2022-07-01］. http：//www.cnpharm.com/c/2021-05-
25/790470.shtml.

［16］Scientific Committee on Consumer Safety. Opinion on o-Aminophenol［EB/OL］.
（2010-06-22）［2022-07-01］. https：//health.ec.europa.eu/system/files/2016-11/sccs_
o_025_0.pdf.

［17］European Commission. Amending Annexes II，III，V and VI to Regulation（EC）
No 1223/2009 of the European Parliament and of the Council on Cosmetic Products［EB/OL］.
（2013-04-25）［2022-07-01］. https：//eur-lex.europa.eu/legal-content/EN/TXT/?qid=1656
928229459&uri=CELEX：32013R0344.

［18］吴景，刘敏，邢书霞，等. 2018—2019年染发类化妆品质量安全状况分析
［J］. 香料香精化妆品. 2021，2（1）：65-68，72.

［19］国家药品不良反应监测中心. 国家药品不良反应监测中心提示消费者染发类
化妆品使用信息［J］. 中国化妆品. 2019，（08）：11.

［20］国家药品监督管理局. 化妆品抽检问题小科普（第3期）——"雾里看花"：染
发产品标签标识成分指向不明［EB/OL］.（2019-01-03）［2022-07-01］. https：//www.
nmpa.gov.cn/xxgk/kpzhsh/kpzhshhzhp/20190103100701720.html.

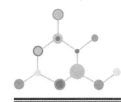

第二章

烫发化妆品检查技术指南

一、产品概述

（一）产品定义

烫发化妆品是指用于改变头发弯曲度（弯曲或者拉直），并维持相对稳定的化妆品。清洗后即恢复头发原有形态的产品，不属于烫发化妆品。

GB/T 29678—2013《烫发剂》将烫发化妆品按剂型分为水剂型（水溶液型）、乳（膏）剂型和啫喱型；按是否由专业人员操作分为一般用和专业用。

（二）主要作用机理

1. 头发的化学结构

头发主要构成成分为不溶性角蛋白，占85%以上。角蛋白是氨基酸形成的多肽，包括胱氨酸等十几种氨基酸，以酰胺键（肽键）连接成链状结构；多肽链间起连接作用的主要为二硫键、离子键和氢键等。

二硫键是由相邻肽链分子通过两个半胱酸的巯基两两耦合形成的共价键，它是结合力较强的键，能够使头发形成牢固的结构。但是，二硫键对一些外界因素引起的断裂和破坏十分敏感，例如紫外线、氧化剂、还原剂、强酸、强碱、长时间（如1分钟左右）暴露于沸水和蒸汽中等。

氢键是在相邻酰胺基的氢原子和羧基的氧原子之间形成的，这些键结合力较弱，遇水即可断开。

盐键是由角蛋白结构中的铵离子的正电荷与羧基离子负电荷之间相互作用形成的。这是在基质内的一种强键，但强酸或强碱可影响这种键。

2．作用机理

在烫发过程中二硫键的破坏和转移经历着一系列化学反应，主要包括还原反应和氧化反应。二硫键的断裂一般需要在碱性介质中进行。烫发过程示意图见图2-1。

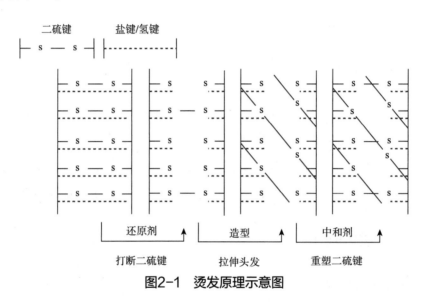

图2-1　烫发原理示意图

（1）二硫键与还原剂的反应

为了获得永久定型，必须破坏二硫键（S—S），并重新形成新的构型，使形变稳定。在永久烫发时首先用还原剂将二硫键破坏，使结构移位，然后通过温和氧化作用使二硫键在新的位置形成。

$$K—S—S—K + RS^- \rightleftharpoons K—S—S—R + KS^-$$

$$K—S—S—R + RS^- \rightleftharpoons R—S—S—R + KS^-$$

上式中K表示角蛋白；RS⁻表示硫醇盐离子；KS⁻表示游离角蛋白巯基。

（2）中和过程的氧化反应

二硫键破坏的过程是使头发软化、化学张力松弛的过程。在卷曲处理后，用水将过剩的还原剂冲洗掉，然后涂上氧化剂（或称中和剂），使半胱氨酸基团重新结合，在新的位置上形成二硫键，这样就使卷曲后的发型固定下来，该过程称为定型过程。

反应式如下：

$$2K—SH + H_2O_2 \longrightarrow K—S—S—K + 2H_2O$$

其基本化学过程较简单，角蛋白半胱氨酸重新被过氧化氢氧化成角蛋白胱氨酸，形成角蛋白二硫键位置交换后的纤维，恢复头发的弹性。

在巯基乙酸盐或巯基乙酸衍生物作用下，一般人头发内约有20%二硫键被断裂。在随后的定型过程中，被破坏的二硫键约有90%重新形成。

烫发过程头发经历着与碱作用和还原作用，以及后来的氧化作用。在这些过程中，头发的物理性质发生改变，如径向溶胀、纵向收缩和化学应力松弛等。若在烫发过程中处理不当容易对头发结构造成较大的损伤。

（三）常见功效成分

目前我国市场上在售的烫发化妆品一般由烫卷剂（烫直剂）和定型剂两部分组成，其中烫卷剂（烫直剂）为碱性还原剂，定型剂为酸性中和剂/氧化剂。

碱性还原剂通过还原反应破坏头发中的二硫键，常用的还原剂为巯基乙酸、巯基乙酸盐、巯基乙酸酯和半胱氨酸。常用的碱化剂为氢氧化铵、三乙醇胺、乙醇胺和碳酸盐。烫卷剂（碱性还原剂）常用原料见表2-1。

酸性中和剂通过氧化反应重建二硫键。常用的氧化剂为过氧化氢、溴酸钠等。为了使氧化剂保持稳定，保持较长的货架期，需要添加一定量的稳定剂，如六偏磷酸钠、锡酸钠。定型剂常用原料见表2-2。

表 2-1　烫卷剂（碱性还原剂）常用原料

结构成分	主要功能	代表性原料
还原剂	破坏头发中胱氨酸的二硫键	巯基乙酸盐、巯基乙酸酯、半胱氨酸
碱化剂	调节和保存pH	氢氧化铵、三乙醇胺、乙醇胺、碳酸铵、钠和钾
螯合剂	螯合重金属离子，增加稳定性	EDTA
润湿剂（表面活性剂）	改善头发的润湿作用，起着均染剂、乳化剂和加溶剂的作用	脂肪醇聚醚类、脂肪醇硫酸酯盐类
调理剂	调理作用，减少烫发过程头发的损伤	蛋白质水解产物、季铵盐及其衍生物、赋脂剂（脂肪醇、羊毛脂、天然油脂、PEG脂肪胺）
香精	掩盖巯基化合物和氨的气味	耐碱性的香精

表 2-2　定型剂（酸性中和剂／氧化剂）常用原料

结构成分	主要功能	代表性原料
氧化剂	使被破坏的二硫键重新形成	过氧化氢、溴酸钠
酸/缓冲剂	保持pH	柠檬酸、乙酸、乳酸、酒石酸
稳定剂	防止过氧化氢分解	六偏磷酸钠、锡酸钠
润湿剂	使中和剂充分润湿头发	脂肪醇醚、吐温系列、月桂醇硫酸酯铵盐
增稠剂	增稠作用	卡波姆、羟乙基纤维素
调理剂	调理作用，提供润湿配位性	水解蛋白、脂肪醇、季铵化合物
螯合剂	螯合重金属离子，提高稳定性	EDTA
香精/着色剂	赋香/着色	在H_2O_2中稳定的香精和着色剂

　　巯基乙酸类物质作为烫发化妆品中的主要成分，具有一定毒性，易经皮肤和呼吸道吸收，对皮肤和黏膜有较强的刺激性，对头发表层还有一定的破坏作用，易造成皮肤损伤、过敏等症状并影响人体代谢，危害使用者的健康。经研究，巯基乙酸具致突变、致畸和致癌作用、免疫功能毒性、生殖毒性、胚胎毒性和遗传毒性。

　　《化妆品安全技术规范》（2015年版）对烫发化妆品限用原料的具体要求详见表2-3。

表 2-3 烫发化妆品限用原料要求

序号	物质名称			限制			标签上必须标印的使用条件和注意事项
	中文名称	英文名称	INCI 名称	适用及（或者）使用范围	化妆品使用时的最大允许浓度	其他限制和要求	
1	二氨基嘧啶氧化物	2,4-Diamino-py-rimidine-3-oxide	Diaminopyrimidine oxide	发用产品	1.5%		
2	二（羟甲基）亚乙基硫脲	1,3-Bis（hydroxy-methyl）imidazoli-dine-2-thione	Dimethylol ethylene thiourea	发用产品	2%	禁用于喷雾产品	含二（羟甲基）亚乙基硫脲
3	羟乙二磷酸及其盐类	Etidronic acid and its salts（1-hy-droxyethylidene-di-phosphonic acid and its salts）		发用产品	总量1.5%（以羟乙二磷酸计）		
4	过氧化氢和其他释放过氧化氢的化合物或者混合物，如过氧化脲和过氧化锌	Hydrogen peroxide, and other compounds or mixtures that release hydrogen peroxide, including carbamide peroxide and zinc peroxide		发用产品	总量12%（以存在或者释放的H_2O_2计）		需戴合适手套；含过氧化氢；避免接触眼睛；如果产品不慎入眼，应立即冲洗
5	草酸及其酯类和碱金属盐类	Oxalic acid, its esters and alkaline salts		发用产品	总量5%		仅供专业使用
6	氢氧化钙	Calcium hydroxide	Calcium hydroxide	含有氢氧化钙和胍盐的头发烫直产品	7%（以氢氧化钙重量计）		含强碱；避免接触眼睛；可能引起失明；防止儿童抓拿
7	无机亚硫酸盐类和亚硫酸氢盐类[1]	Inorganic sulfites and hydrogen sulfites		烫发产品（含拉直产品）	总量6.7%（以游离SO_2计）		
8	氢氧化锂	Lithium hydroxide	Lithium hydroxide	头发烫直产品 ●一般用 ●专业用	2%（以氢氧化钠重量计）[2] 4.5%（以氢氧化钠重量计）[2]		含强碱；避免接触眼睛；可能引起失明；防止儿童抓拿 仅供专业使用；避免接触眼睛；可能引起失明

续表

序号	物质名称			限制			标签上必须标印的使用条件和注意事项
	中文名称	英文名称	INCI名称	适用及（或者）使用范围	化妆品使用时的最大允许浓度	其他限制和要求	
9	巯基乙酸及其盐类	Thioglycollic acid and its salts		烫发产品 ● 一般用 ● 专业用	总量8%（以巯基乙酸计），pH7～9.5 总量11%（以巯基乙酸计），pH7～9.5		含巯基乙酸盐；按用法说明使用；防止儿童抓拿；仅供专业使用；需作如下说明：避免接触眼睛；如果产品不慎入眼，应立即用大量水冲洗，并找医生处治
9	巯基乙酸酯类	Thioglycollic acid esters		烫发产品 ● 一般用 ● 专业用	总量8%（以巯基乙酸计），pH6～9.5 总量11%（以巯基乙酸计），pH6～9.5		含巯基乙酸酯；按用法说明使用；防止儿童抓拿；仅供专业使用；需作如下说明：避免接触眼睛；如果产品不慎入眼，应立即用大量水冲洗，并找医生处治
10	氢氧化钾（或者氢氧化钠）	Potassium or sodium hydroxide	Potassium hydroxide, sodium hydroxide	头发烫直产品 ● 一般用 ● 专业用	2%（以重量计）[2] 4.5%（以重量计）[2]		含强碱；避免接触眼睛；可能引起失明；防止儿童抓拿仅供专业使用；避免接触眼睛；可能引起失明

注（1）：这些物质作为防腐剂使用时，具体要求见《化妆品安全技术规范》（2015年版）防腐剂的相关规定；如果使用目的不是防腐剂，该原料及其功能还必须标注在产品标签上。无机亚硫酸盐和亚硫酸氢盐指：亚硫酸钠、亚硫酸钾、亚硫酸铵、亚硫酸氢钠、亚硫酸氢钾、亚硫酸氢铵、焦亚硫酸钠、焦亚硫酸钾等。

（2）：NaOH，LiOH或KOH的含量均以NaOH的重量计。如果是混合物，总量不能超过"化妆品中最大允许使用浓度"一栏中的要求。

（四）生产工艺流程

烫发化妆品的烫卷剂（碱性还原剂）的生产工艺流程示意图见图2-2。定型剂的生产工艺流程与此类似。

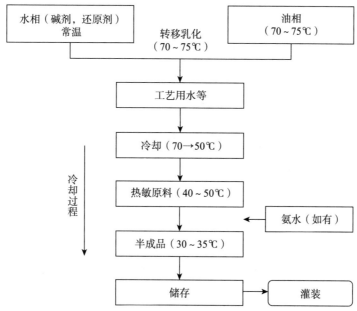

图2-2　烫卷剂（碱性还原剂）生产工艺流程示意图

烫发化妆品生产时，要特别注意金属离子。由于金属离子对产品质量影响比较大，因此，生产时一定不能使用铁制工具和容器，要用不锈钢或塑料材质的工具和容器。

此外，烫发化妆品的使用效果受到使用方法及使用过程的影响，其主要受到pH、温度、头发对于配方的渗透速度，以及中和剂使用方法的影响等。

二、国内外相关监管要求

（一）国内相关监管要求

按照《化妆品监督管理条例》规定，烫发化妆品为特殊化妆品，需向国家药品监督管理局申报注册并获批准后方可生产、进口。

《化妆品安全技术规范》（2015年版）虽没有单独设立烫发功效原料清

单，但是明确规定了巯基乙酸类物质限值和烫发产品相关的其他限用原料（表2-3）。目前，我国烫发化妆品结构较单一，按照烫发温度可分为温热烫发产品和冷烫产品。

GB/T 29678—2013《烫发剂》对不同类型烫发化妆品巯基乙酸铵含量及pH范围作了较严格的规定，其具体要求如下：

（1）烫卷剂（烫直剂）中巯基乙酸含量范围：一般用烫发化妆品4%～8%，专业用烫发化妆品4%～11%，受损发质（敏感发质）用烫发化妆品2%～8%；pH 7.0～9.5。

（2）定型剂中过氧化氢含量1%～4%（使用浓度），pH 1.5～4.0；溴酸钠含量≥6%，pH 4.0～8.0。

《化妆品安全技术规范》（2015年版）对含有巯基乙酸及其盐类、巯基乙酸酯类成分的化妆品的标签内容提出了要求：

（1）标签上必须标注使用条件和注意事项：含巯基乙酸盐/巯基乙酸酯；按用法说明使用；防止儿童抓拿。专业用产品应标明"仅供专业使用"。

（2）标签上需标注如下说明：避免接触眼睛；如果产品不慎入眼，应立即用大量水冲洗，并找医生处治。

GB/T 29678—2013《烫发剂》也对销售包装的标志进行了明确要求，烫卷剂（烫直剂）和过氧化氢型定型剂应根据包装情况在一处或多处标注以下要点（可不重复标注）：

（1）需戴合适手套；

（2）含巯基乙酸盐/过氧化氢；

（3）避免接触眼睛；

（4）如果产品不慎入眼，应立即用大量水冲洗，并找医生处治；

（5）按用法说明使用；

（6）防止儿童抓拿；

（7）仅供专业使用（一般用产品不标注此项）；

（8）曾对烫发产品有过敏者，请勿使用本品。若头皮有破损时，请勿使用本品。

对于年龄在12岁以下（含12岁）的儿童，其皮肤具有与成人不同的生理特点，免疫功能尚不成熟，对外来物质更加敏感，使用烫发化妆品更易引发安全问题。根据《化妆品分类规则和分类目录》规定，使用人群为儿童的化妆品不可以宣称具有烫发功效。《儿童化妆品监督管理规定》进一步明确，儿童化妆品不允许使用以烫发为目的的原料，如因其他目的使用可能具有烫发功效的原料时，应当对使用的必要性及针对儿童化妆品使用的安全性进行评价。

（二）国际相关监管要求

不同的国家和地区对于烫发产品的分类及有关法规有较大的差别。美国、欧盟、加拿大、澳大利亚、韩国、东南亚等国家和地区对于烫发产品均按照一般化妆品进行管理。日本对于烫发产品按照医药部外品进行管理。同时，对于烫发剂使用的原料按照较高风险的化妆品原料进行审批制管理。

欧盟法规与我国《化妆品安全技术规范》（2015年版）相同，将巯基乙酸及其盐类、巯基乙酸酯类列为化妆品组分中限用物质。规定巯基乙酸及其盐类在一般用产品的烫卷剂/烫直剂中最大允许使用浓度为8%（pH 7.0～9.5），专业用为11%（pH 7.0～9.5）；巯基乙酸酯类最大允许使用浓度为8%（pH 6.0～9.5），专业用为11%（pH 6.0～9.5）。而且，欧盟对含有巯基乙酸及其盐类、巯基乙酸酯类成分的化妆品的标签内容的要求也与我国要求一致。

日本对烫发剂的监管法规较明确。1993年2月，日本厚生省批准实施烫发液新标准，将烫发液分为8种，其中6种为烫发液，2种为直发剂，并规定了制剂含量范围、pH，并把半胱氨酸烫发剂也列入标准。在标准中半胱氨酸和乙酰半胱氨酸可作为主要活性物质，允许使用温烫方法。标准规定的pH范围也较宽，中和剂使用的过氧化物包括溴酸钠、溴酸钾、过硼酸钠和过氧化氢，大大地扩充了产品的范围。

三、常见违法行为及安全风险

近年来，我国化妆品行业高速发展，消费者对美的追求不断提高，对发型变化的需求也在不断提升，烫发化妆品显现出巨大的市场潜力。因此，有更多的企业研发、生产烫发化妆品。同时，烫发化妆品的安全风险问题也呈现增加趋势。

目前，我国烫发化妆品中主要存在以下违法行为或安全风险。

（一）实际成分与注册配方、标签中成分不符

近年来的抽检样品中经常出现以下情况：

1. 未严格按照注册申报资料的配方生产。例如注册资料及标签标注显示产品含有巯基乙酸，但是样品未检出巯基乙酸；相反，在其产品注册资料及标签未标注含有巯基乙酸，但是样品检出巯基乙酸。

2. 化妆品企业在实际生产中使用外购复配原料代替注册资料中的单一原料。由于企业缺少对复配原料实际成分的了解，导致出现产品实际成分含量与注册资料不一致的情况。

（二）检验结果超标

pH作为烫发化妆品的关键指标，应该作为烫发产品的出厂检验标准之一被严格控制。但是近年抽检结果中烫发化妆品pH检验结果低于限值的情况时有发生。例如，国家药品监督管理局2019年1月31日发布的2019年第6号通告公布了72款抽检不合格的产品，其中7款烫发类产品中的6款不合格原因均为pH检验值低于限值。

（三）标签问题

标签问题是烫发化妆品抽检不合格中数量最多的问题。在2019～2021年国家药品监督管理局抽检结果通告中，烫发化妆品各类问题中标签问题占比50%左右。主要表现为：

1．产品标签与注册资料载明的技术要求不一致

被抽检烫发化妆品的保质期标识与注册资料不一致。例如，产品注册资料显示其保质期为2年，但是被抽检样品的包装上实际标注的产品保质期为3年。另外，抽检烫发化妆品的注册资料未显示产品成分含巯基乙酸，但是被抽检样品的标签上则标注产品含有巯基乙酸。

2．标签不符合法规要求

根据《化妆品安全技术规范》（2015年版）对含有巯基乙酸及其盐类、巯基乙酸酯类成分的化妆品标签的要求，产品标签上必须标注的使用条件和注意事项包括：含巯基乙酸盐/巯基乙酸酯；按用法说明使用；防止儿童抓拿；仅供专业人员使用。同时产品标签上需标注如下说明：避免接触眼睛；如果产品不慎入眼，应立即用大量水冲洗，并找医生处治。但是抽检的含巯基乙酸及其盐类或巯基乙酸酯类的烫发产品经常出现被抽检样品标签未对产品含有巯基乙酸盐或巯基乙酸酯类进行安全警示；或者被抽检样品标签未明确标注产品使用方法。

（四）假冒伪劣产品

据统计，2020年2月至2021年2月的一年间，国家药品监督管理局官方网站对81批次烫发类假冒产品进行了通告。同时，国家药品监督管理局经市场调查和抽检还发现，在市场上存在销售超过使用期限的烫发化妆品的情况。既有经销商销售过期产品的情况，也存在生产企业对过期产品包装上标注的生产批号、使用期限进行涂改或粘贴后继续销售的行为。

（五）不良反应

烫发化妆品因其含有巯基乙酸类原料以及产品作用过程中发生化学反应等因素影响，可能引起以下两类不良反应。

1．化学性头发损伤

暴露在过量化学物质之下，会使头发弹性减弱，变脆易断。

2．局部头皮不良反应

产品中的某些化学物质在头皮上停留时间过长时，会对头皮产生刺激作用，出现瘙痒、灼热、发红、水肿、渗出或者结痂等症状。

另外，产品的pH过高也会损害头发和皮肤。因此烫发化妆品的质量，不仅关系到烫发的效果，还影响到使用者的健康，应严格控制这类产品的质量安全。

四、检查重点及方法

根据烫发化妆品的产品特点、常见问题和安全风险，现场检查时，除了依据《化妆品生产质量管理规范检查要点及判定原则》的通用要求检查外，需重点关注如下内容：

1. 检查企业是否存在生产未经注册的烫发化妆品的情况。
2. 检查企业是否制定相关产品的生产工艺规程、岗位操作规程，检查企业工艺规程中生产工艺参数及关键控制点等是否明确，是否与注册资料载明的技术要求一致。
3. 检查企业实际生产使用的产品配方、实际生产工艺是否与生产工艺规程、注册资料的技术要求保持一致，企业生产过程中是否形成批生产记录。
4. 检查企业是否执行记录管理制度，与烫发化妆品有关的记录是否可保证物料采购、产品生产、质量控制、贮存、销售和召回等全部活动可追溯。
5. 企业是否制定原料、内包材、半成品以及成品的质量控制要求，采用检验方式作为质量控制措施的，检验项目、检验方法和检验频次是否与化妆品注册资料载明的技术要求一致。
6. 检查企业是否建立并执行物料供应商遴选制度，并对物料供应商进行审核和评价，使用的物料是否来自合格物料供应商名录。

7. 检查企业关键原料如巯基乙酸是否从合格供应商处采购，是否为该原料注册填报来源，是否与供应商签订采购合同，是否在采购合同中明确物料验收标准和双方质量责任，是否留存采购凭证等票证文件以及质量安全相关信息。

8. 检查企业是否建立并执行物料审查制度，是否存在复配原料的成分和含量与注册资料载明的技术要求不一致的情形。

9. 查看是否存在使用禁用原料、未经注册或者备案的新原料的情形。检查企业是否存在超出使用范围、限制条件使用限用原料的情形。

10. 检查企业是否建立并执行进货查验记录制度，建立并执行物料验收规程，是否明确物料验收标准和验收方法；抽查物料验收记录，检查是否与物料验收规程中验收标准和验收方法一致。

11. 检查企业关键物料如巯基乙酸和产品的检验结果是否符合质量标准要求，并与注册资料一致。对购进物料不检验的，查阅是否有物料生产企业提供的检验报告或质量规格证明，结果是否符合《化妆品安全技术规范》及企业质量标准。

12. 检查企业是否建立并执行检验管理制度，并留存检验原始记录，记录是否完整、可追溯；检验报告基本信息是否与原始记录一致。

13. 检查企业物料管理台账及仓储现场，物料采购、验收及出入库记录是否与批生产记录一致；相关记录是否可通过生产批号相关联，是否可保证产品在全生命周期内的可追溯性。

14. 检查企业是否建立并执行物料、产品放行制度；企业是否按照出厂检验标准对产品质量进行控制，产品合格后是否由质量安全负责人审核批准后才放行出厂。

15. 对于成品库、留样室的产品以及仓库内存储的相关包材进行抽查，检查企业生产的烫发化妆品标签等信息是否与注册资料载明的技术要求一致；检查配方中含有某些特定限用原料如巯基乙酸的产品，其标签是否标示安全警示语、注意事项等内容。

16. 检查生产车间各功能区内是否存在可疑物料。检查企业生产烫发产品时是否使用不锈钢或塑料材质的工具和容器，是否存在使用铁制工具和容器的情况。

17. 检查企业是否建立半成品使用期限管理制度，按条件贮存半成品，设定的半成品使用期限是否有充分依据；是否按照不合格品管理制度及时处理超过使用期限未填充或者灌装的半成品，并留存相关记录。

18. 检查不合格产品管理制度是否完善并检查其执行情况。抽查不合格品记录及分析报告、不合格品处置记录及报告的规范性。检查不合格品返工、销毁等处理措施是否经由质量管理部门核准。

五、企业常见问题及案例分析

（一）常见问题

1. 企业实际生产的配方与注册资料、标签不一致，例如：原料巯基乙酸投料量不一致；添加注册资料配方中不包含的成分；使用复配原料代替单一原料等。

2. 企业未按照注册资料载明的生产工艺进行生产；未建立产品生产工艺、标准操作规程；生产工艺中未明确关键控制点和控制参数。

3. 企业在物料审查及进货查验方面缺乏管理，导致生产的化妆品含有禁用原料，或者限用原料超出限值。

4. 企业不能提供物料或者产品的检验报告或原始记录；物料和产品检验结果与企业内控标准、注册资料载明的技术要求不一致。

5. 检验结果存在真实性问题。例如：检验结果超出企业规定的内控标准，仍出具合格的检验报告；检验结果出具时间与理论实验所需时间不符；提前撰写微生物检验结果等。

6. 企业不能提供产品批生产记录；或批生产记录不完整，未记录关键控制参数等信息，如烫发类产品的pH等关键要素的原始数据无法追溯。

7. 企业未按照规定的贮存条件及贮存期限贮存物料，使用超过使用期限的物料；半成品贮存期限超过使用期限。

8. 现场贮存的物料标识不清晰，缺少名称或者代码、生产批号或者生产日期等信息。

9. 企业对物料及产品的出入库未进行批号记录，缺少出入库台账或货位卡，无法对产品按照批号进行追溯管理。

10. 产品标签不符合要求，未对产品含有巯基乙酸盐进行安全警示；未标注使用方法。

（二）案例分析

案例 抽检中发现A企业生产的专业用烫发产品XXX（批号SN202302001）中巯基乙酸的含量为15%，超出《化妆品安全技术规范》（2015年版）的要求（11%）。因此，对该企业的生产现场进行有因检查。

讨论分析 根据上述检查事由，检查组到达企业生产现场，开展有针对性的飞行检查。

检查组到达企业，首先对留样室、成品库、原料库进行现场检查。检查留样室和成品库是否存有抽检批号的产品XXX、其他批号的产品XXX以及其他含有巯基乙酸的类似产品，对该批次产品及相关产品进行抽样，确定相关成品在库数量，及时获取留样记录、成品出入库记录；检查原料库是否存有含巯基乙酸的原料，确定相关原料在库数量，及时获取原料出入库台账及货位卡。

然后，对生产车间及实验室进行检查，确认是否正在生产或检测相关产品，现场是否存在可疑物料或需要确认的记录，检查生产车间的生产设备及设施、生产环境及卫生管理等是否符合法律法规要求。对正在生产或检验的相关产品的批记录、检测记录、可疑物料和其他需要确认的记录进行收集保存。

其次，对已取得的产品、记录进行确认，请企业提供其他相关的资料（文件、记录等）。确认现场发现及抽样的产品是否已注册，产品标签内容是否与注册资料相一致；产品的生产工艺规程、生产配方、批记录的实际投料等是否与注册资料相一致；企业是否使用了复配原料，企业是否明确复配原料的成分及含量；企业是否建立并执行供应商审核查验制度，其采购物料的供应商是否在其合格供应商名录中；企业是否对采购的原料进行了物料合规性审查及进货查验；企业是否制定了原料、半成品、产品的检验标准和放行管理制度，是否按照要求进行了原料、半成品、产品的检验及放行；将原料、半成品、成品的检验报告和原始记录，与产品批生产记录、物料及产品的出入库记录、销售记录等进行关联比对，查看产品的可追溯性和数据的真实性、准确性。

最后，检查组根据发现的问题，经与企业沟通确认，依据《化妆品生产质量管理规范检查要点及判定原则》，通过风险研判，形成现场检查报告。

六、思考题

1. 烫发化妆品的作用机理是什么？

2. 烫发化妆品常见的安全风险有哪些？

3. 在检查烫发化妆品过程中，应重点关注哪些环节？

（吕笑梅编写）

参考文献

［1］国家药品监督管理局. 化妆品生产质量管理规范［EB/OL］.（2022-01-07）［2023-3-10］. https：//www.nmpa.gov.cn/hzhp/hzhpfgwj/hzhpgzwj/20220107101645162.html.

［2］国家药品监督管理局. 化妆品生产质量管理规范检查要点及判定原则［EB/OL］（2022-10-25）［2023-3-10］. https：//www.nmpa.gov.cn/xxgk/ggtg/qtggtg/jmhzhptg/20221025104946190.html.

［3］国家药品监督管理局. 化妆品分类规则和分类目录［EB/OL］（2021-04-09）［2023-3-10］. https：//www.nmpa.gov.cn/xxgk/ggtg/qtggtg/20210409160151122.html.

［4］国家药品监督管理局.化妆品安全技术规范［R］.（2015-12-23）［2023-3-10］https：//www.nmpa.gov.cn/hzhp/hzhpfgwj/hzhpgzwj/20151223120001986.html.

［5］GB/T 29678-2013，烫发剂［S］. 2013.9.

［6］裴炳毅，高志红. 现代化妆品科学与技术［M］. 北京：中国轻工业出版社，2015：1695-1699.

［7］张婉萍，董银卯. 化妆品配方科学与工艺技术［M］. 北京：化学工业出版社，2018：233-237.

［8］任晓梅. 巯基乙酸的毒性作用研究进展［J］. 大家健康（学术版）2013，（7）20：139.

［9］甘卉芳，李百祥，吴坤，等. 巯基乙酸经皮毒效应的实验研究［J］. 卫生毒理学杂志，2001，15（2）：113.

［10］施金莲，马桂芝，蒋葵，等. 化学染发剂和冷烫精的毒性及对人体健康影响的调查研究［J］. 环境与健康杂志，1993（06）：250-252.

第三章

祛斑美白化妆品检查技术指南

一、产品概述

（一）产品定义

祛斑美白化妆品是有助于减轻或者减缓皮肤色素沉着，达到皮肤美白、增白效果或者通过物理遮盖形式达到皮肤美白、增白效果的化妆品，包括改善因色素沉积导致痘印的产品。

（二）主要作用机理

1. 皮肤知识

一般来说，肤色的暗沉、斑点是黑色素沉淀所致。皮肤的黑色素是由黑色素细胞形成和分泌的，当皮肤受到过量紫外线照射或者其他刺激因素影响时，皮肤细胞内自由基爆发、炎症因子大量积累，刺激角质形成细胞发出信号，促进黑色素细胞分裂增殖，产生黑色素。皮肤过度色素沉着的诱导因素除暴露于紫外线外，还有皮肤损伤、妊娠、化学品刺激等。

虽然皮肤白皙是很多爱美人士的追求，但是，祛除黑色素要适度。黑色素可以维持人类肤色相对稳定，其生成是人体正常生理功能的体现。同时黑色素也是防止和减少紫外线对皮肤损伤的主要屏障。如果对黑色素生成抑制作用过强，可能会对人体正常生理功能产生不利影响。例如，添加杜鹃醇的美白产品引起使用者皮肤产生"白斑"的事件就是此类产品造成消费者皮肤伤害的典型案例。2008年日本厚生劳动省批准嘉娜宝株式会社将杜鹃醇作为美白成分用于医药外部品，可有效抑制黑色素生成、防止色斑、雀斑生成。但添加杜鹃醇的美白产品投入市场后引起了使用者皮肤产生"白斑"伤害。

此外，由于酪氨酸和酪氨酸酶也参与体内儿茶酚胺激素的代谢，美白剂使用过度也可能对儿茶酚胺激素的代谢产生不良影响。因此，祛斑美白化妆品所发挥的祛斑美白作用应相对缓和，可以有限度地减轻或减缓皮肤色素沉着，但不得对人体生理功能产生剧烈的或者不可逆的影响。

2．作用机理

祛斑美白化妆品，根据作用机理可分为化学美白类和物理遮盖类两种类型。

化学美白类产品的作用机理，最常见的是通过作用于黑色素生成过程中的3种酶（酪氨酸酶、多巴色素互变异构酶和二羟基吲哚羧酸氧化酶）达到祛斑美白的效果。目前的祛斑美白产品研发大多将酪氨酸酶作为目标靶点，通过抑制酪氨酸酶的活性、减少其产生及合成、加速其分解等实现祛斑美白的效果。防止黑色素生成，还可通过破坏黑色素细胞或者还原黑色素合成过程的中间体多巴醌等方式实现。此外，从干扰、控制黑色素代谢途径方面入手，通过抑制黑色素颗粒转移至角质形成细胞，也可达到淡斑美白的效果。目前产品的祛斑美白效果通常是通过其中一种或者多种机理组合实现的。祛斑美白化妆品的化学作用机理见图3-1。

需要注意的是，仅通过提高水合度、清洁、去角质等方式，提高皮肤亮度或者加快角质脱落更新的，不属于祛斑美白化妆品。如果配方中仅使用了防晒剂、未使用祛斑剂或美白剂的产品，可宣称帮助减轻由日晒引起的皮肤黑化、色素沉着，不可直接宣称祛斑美白作用，此类产品也不属于祛斑美白化妆品。

物理遮盖类祛斑美白化妆品，不能改变皮肤的本来面貌，其作用机理是通过将化妆品覆盖于皮肤表面，遮盖皮肤上的斑点以达到美白效果。

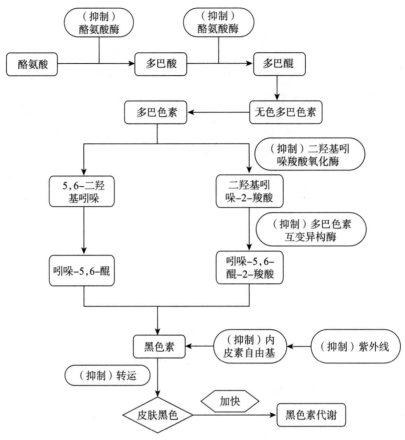

图3-1 祛斑美白化妆品的化学作用机理

（三）常见功效成分

根据不同的作用机理，常见的祛斑美白类化妆品原料主要包括以下几类：①抑制酪氨酸酶活性（曲酸、鞣花酸、抗坏血酸葡糖苷、熊果苷等）；②减少酪氨酸酶合成（乳酸等）；③降低酪氨酸酶迁移（氨基葡萄糖等）；④阻断黑色素运输（维生素A酸等）；⑤还原剂［抗坏血酸（维生素C）、生育酚（维生素E）等］；⑥对黑色素细胞有细胞毒性（壬二酸等）。其中，上述所列举的氨基葡萄糖、维生素A酸并未收录在《已使用化妆品原料目录》（2021年版）中，如企业需使用该原料作为祛斑美白功效原料，应按照相关法规规定进行新原料注册。

物理遮盖类祛斑美白化妆品中常见的添加成分包括二氧化钛、氧化锌、滑石粉或者类似的白色粉状物。

（四）生产工艺流程

祛斑美白化妆品常见的生产单元包括膏霜乳液单元等。以祛斑美白乳液为例，其生产工艺流程图见图3-2。

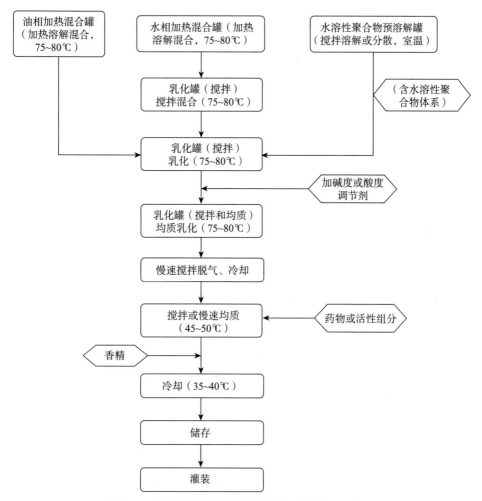

图3-2　祛斑美白乳液产品生产工艺流程示意图

生产过程的关键控制点为乳化过程，工艺设计过程中应对乳化相关操作参数进行验证。对加入祛斑美白功效原料的相关工艺步骤也要考虑外界因素（如温度、pH等）对其稳定性、安全性、有效性的影响，相关工艺参数也要经过验证。

祛斑美白面膜也是常见的祛斑美白化妆品。这类产品在配方设计时，除上述关键控制点外，还要考虑载体材料（贴、膜等）的组成、质量控制指标等，以及载体材料对产品的安全性、有效性的影响。浆状揭剥式美白面膜生产工艺示意图见图3-3。

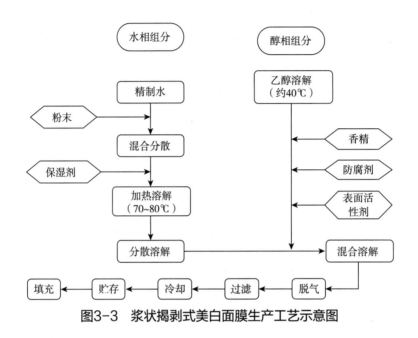

图3-3　浆状揭剥式美白面膜生产工艺示意图

二、国内外相关监管要求

（一）国内相关监管要求

《化妆品监督管理条例》规定，祛斑美白化妆品为特殊化妆品，在生产、进口前需要向国家药品监督管理局申请注册并获批。具有祛斑美白功能的化妆品新原料也需向国家药品监督管理局申请注册获批后才可使用。

《化妆品注册备案资料管理规定》对申请祛斑美白化妆品的注册资料以及相关标签或者产品分类发生变更时需补充提交的资料进行了详细规定。《化妆品新原料注册备案资料管理规定》对宣称具有祛斑美白功效的新原料的注册资料进行了详细规定。

《化妆品功效宣称评价规范》中明确规定，具有祛斑美白功效的化妆品，应当通过人体功效评价试验方式进行功效宣称评价，但"仅通过物理遮盖作用发挥祛斑美白功效，且在标签中明示为物理作用的，可免予提交产品功效宣称评价资料"。对作用机理不同的祛斑美白产品功效宣称评价资料的要求不同，体现了现有法规基于风险监管的原则。

《儿童化妆品监督管理规定》中明确儿童化妆品"不允许使用以祛斑美白为目的的原料，如因其他目的使用可能具有上述功效的原料时，应当对使用的必要性及针对儿童化妆品使用的安全性进行评价"。

《化妆品分类规则和分类目录》中明确了祛斑美白功效类别的释义说明和宣称指引，祛斑美白化妆品功效宣称应至少包含"祛斑美白"；作用部位不得包含口唇；使用人群不得包含婴幼儿和儿童。

（二）国际相关监管要求

不同国家对祛斑美白化妆品的分类不同，管理方式也不同。

欧盟将美白化妆品归为化妆品范畴，将以改善皮肤色素沉着障碍（如黄褐斑、雀斑）为目的的产品归为药品范畴。

美国对于祛斑美白产品根据是否影响人体结构或功能及功效宣称的不同，将产品分为化妆品、OTC专论药品或NDA审批药品。

在日本如果产品仅宣称"亮泽皮肤"，则按照普通化妆品进行管理，如果在美白宣称的基础上进一步宣称"通过抑制黑色素生成，去除或淡化色斑或雀斑"，则需按照医药部外品进行管理。

韩国将祛斑美白类产品作为机能性化妆品进行管理。其功效原料按照《机能性化妆品审查相关规定》进行管理，当使用清单以外的功效原料时，需要在申报机能性化妆品时提交相应资料。

对于祛斑美白的功效原料，各国管理也不同。大多数国家禁止使用氢醌作为美白原料，美国要求氢醌不得应用于驻留型非药物化妆品中，但当浓度为1%且用于淋洗类化妆品时，美国CIR（Cosmetic Ingredient Review）专家组认为是安全的。日本美白类化妆品主要以熊果苷和曲酸为活性物。欧洲则使用抗坏血酸磷酸酯钠和植物提取物。

三、常见违法行为及安全风险

人们在追求美白化妆品效果的同时，不能忽视其可能存在的安全风险。尤其是随着人们对肤色白皙的追求越来越高，使用祛斑美白化妆品的人群越来越广泛，使得该类产品监管挑战较大。

根据2016～2020年全国化妆品抽检结果分析表明，检出不合格产品数量最多的5类化妆品中，祛斑美白化妆品位居第3位。不合格项目主要有微生物超标、检出禁用原料、限用原料超标以及标签不符合规定。国内外监管部门和业界专家对使用美白剂可能带来的安全风险也给予了持续的关注，对相关原料的安全性不断有新的认识。目前，我国祛斑美白化妆品主要存在以下违法问题和安全风险。

（一）非法添加

祛斑美白化妆品中，常见的非法添加原料包括重金属如汞及其化合物、氢醌、糖皮质激素、苯酚、丙烯酰胺、抗真菌药物等。

由2019～2021年国内外祛斑美白化妆品非法添加统计结果显示，非法添加问题排名前三的依次为汞、糖皮质激素和氢醌，占祛斑美白化妆品非法添加的比例依次为：汞52%、糖皮质激素16%、氢醌15%。

1. 汞。汞的毒性包括生殖毒性、神经毒性、胚胎毒性等。汞为我国化妆品的禁用原料。2019～2021年国家药品监督管理局药品评价中心公布的《化妆品警戒快讯》中，国外祛斑美白化妆品非法添加汞的检出值从1mg/kg到19700mg/kg，化妆品中非法添加汞的严重程度由此可见一斑。

2. 糖皮质激素。糖皮质激素类物质具有抗炎、抗毒的作用，能够改善面部发炎症状，但长期使用会导致皮肤多毛、有刺痛感、色素沉着等问题。因此，糖皮质激素类物质也属于我国化妆品禁用原料。2019～2021年国家药品监督管理局通报的不合格化妆品中，祛斑美白化妆品常见的非法添加激素有氯倍他索丙酸酯（历史检出值：11.67～155μg/g）、地塞米松（历史检出值：290.8～472μg/g）、倍他米松戊酸酯（历史检出值：61～249.8μg/g）、倍他米松（历史检出值1.93mg/kg）、地索奈德等。

3. 氢醌。即对苯二酚，具有显著的祛斑美白效果且价格低廉，但长期使用，会导致皮肤出现红肿、刺痛，甚至增加患外源性褐黄病、色素脱失（皮肤白斑，外观和白癜风类似）、癌症等疾病的风险。氢醌是我国化妆品禁用原料。在2019～2021年的《化妆品警戒快讯》中，国外不合格祛斑美白化妆品氢醌的历史检出量在0.01%～4.5%。

（二）限用原料超标

水杨酸能去除老化角质堆积，改善皮肤纹理，且具有抗菌消炎作用。《化妆品安全技术规范》（2015年版）规定水杨酸为限用原料和防腐剂，其在驻留类产品和淋洗类肤用产品中最大允许使用浓度为2.0%，且不得用于3岁以下儿童。2019～2021年国家药品监督管理局通报的不合格祛斑美白化妆品中，存在3次水杨酸高于规定限值的情况。

（三）未按注册资料载明的技术要求生产

为了达到更好的美白效果，部分企业存在在生产过程中更改注册资料技术要求的情形，例如随意更改具有祛斑美白效果原料的添加量。目前，我国对祛斑美白活性物质尚无明确的准用清单，现列出国外对可能具有祛斑美白效果的原料的使用浓度，以供参考。

1. 熊果苷在皮肤微生物和皮肤葡萄糖苷酶的作用下会转化为氢醌。为降低其风险，欧盟规定在化妆品中熊果苷的添加量不超过2%，韩国要求其添加范围2%～5%。

2. 曲酸可抑制酪氨酸酶活性和黑色素生成，被广泛用作祛斑美白化妆品添加剂。但它会干扰甲状腺对碘的吸收，导致甲状腺功能改变。2022年3

月，欧盟化妆品委员会发布的《曲酸安全性评价意见》认为，在化妆品中使用曲酸作为皮肤美白剂时，产品中曲酸的最大浓度为0.7%时对消费者来说是安全的，但根据2019～2021年《化妆品警戒快讯》中显示，其不合格化妆品曲酸检测值范围为0.74%～3.6%。

（四）虚假功效宣称和标签问题

常见问题包括：

1. 产品宣称具有医疗效果，如宣称祛除黄褐斑、祛除色斑、消炎、抗炎等。

2. 普通化妆品宣称特殊化妆品功效。

3. 通过宣称所用原料的功能暗示产品实际不具有或者不允许宣称的功效。

4. 使用虚假、夸大、绝对化的词语进行虚假或者引人误解地描述，如宣称"靶向抑黑""消灭黑色素"等。

5. 产品标注的使用期限与批件不符等。

（五）微生物超标

微生物超标可能由于未添加防腐剂、防腐剂含量不足或者配方设计的问题所致，也可能是在生产、包装、贮存等环节发生了微生物污染。

（六）网络虚假宣传

部分网络销售平台存在肆意夸大功效、进行虚假宣传、普通化妆品宣称特殊化妆品功效等情况。如"3天美白""7天祛斑"等。

（七）不良反应

祛斑美白化妆品在用法和用量上一般有相应的要求，如果消费者没有按照祛斑美白化妆品建议的使用方式、用量和频次使用产品，或者同时使用多种祛斑美白化妆品，可能导致消费者出现不良反应。

四、检查重点及方法

根据祛斑美白化妆品的产品特点、违法问题和安全风险，现场检查时，除了依据《化妆品生产质量管理规范检查要点及判定原则》的通用要求进行检查外，需重点关注的内容及对应的检查方法如下。

1. 检查企业生产的祛斑美白化妆品是否均经注册，生产许可项目是否包含相关生产单元。企业是否存在按照普通化妆品进行备案，但其标签却标注具有祛斑美白功效的情况。

2. 检查企业是否按照化妆品注册资料载明的技术要求组织生产并对其生产过程进行质量控制。例如：祛斑美白乳液生产过程的溶解温度与时间、加料顺序、搅拌速度以及乳化过程控制等相关操作参数的确认是否经过验证、生产工艺规程参数是否与注册资料一致、实际操作是否与文件一致等。

3. 检查企业是否每种产品均制订有工艺规程并严格执行。检查企业是否存在任意改变配方、工艺参数及质量控制标准的行为。

4. 检查祛斑美白化妆品涉及的物料、产品标准是否符合相关法律法规、强制性国家标准、技术规范的相关要求，检验方法是否符合或者经验证可满足《化妆品安全技术规范》等相关技术规范要求。

5. 检查祛斑美白功效原料的验收情况。采用检验方式验收的，其检验方法和检验结果是否符合规定。采用非检验方式验收的，检查其是否有明确的验收方案，是否针对其所述质量控制措施的合理性开展了必要研究，企业是否有物料生产企业提供的检验报告，结果是否符合化妆品生产企业对该物料的质量标准。同时关注企业是否对祛斑美白功效原料中的风险物质进行了控制，其控制措施是否合理、有效。

6. 检查企业产品的型式检验是否包含铅、汞、砷、镉、pH等祛斑美白化妆品应重点控制的项目，并关注其检验结果是否合格。企业是否对每批产品按照出厂检验项目进行检验。

7. 检查企业是否具备微生物的检测能力，其检测环境是否满足检验需求。

8. 检查企业物料，重点关注具有祛斑美白功效的原料是否从合格供应商中购入，是否为该原料注册填报来源，是否与供应商签订采购合同，是否在合同中明确物料验收标准和双方质量责任。

9. 检查生产现场及仓储区域，查看是否存在禁用原料（如汞、糖皮质激素、氢醌等）、未经注册或者备案的新原料，如存在，还要通过查阅原料出入库记录以及询问生产一线员工等方式，综合判断该类原料是否已用于化妆品生产。

10. 查阅物料清单并结合现场检查，关注限用物质，检查其使用记录（出入库记录、产品批生产记录），结合原料质量安全相关信息资料，判断是否存在超出使用范围、限制条件使用限用原料的情形。

11. 检查企业是否有使用超过使用期限、废弃、回收的化妆品或者化妆品原料的行为。

12. 检查企业是否建立并执行标签管理制度。核对祛斑美白化妆品的标签与注册资料中提交的标签样稿是否一致，是否存在虚假宣称等不符合相关法律法规、强制性国家标准、技术规范的情形。

13. 现场检查企业生产期间使用的物料是否与生产工艺规程载明的物料信息一致，生产过程中物料是否标明名称或者代码等信息。

14. 检查是否存在添加申报资料中未规定物料的情况，检查生产车间各功能区内是否存在可疑物料。企业员工是否严格按照生产工艺规程的规定投料。

15. 检查企业是否建立半成品使用期限管理制度，是否按条件贮存半成品，设定的半成品使用期限是否有充分依据；是否按照不合格品管理制度及时处理超过使用期限未填充或者灌装的半成品，并留存相关记录。

16. 检查不合格产品管理制度是否完善并检查其执行情况。抽查不合格品记录及分析报告、不合格品处置记录及报告的规范性。检查不合格品返工、销毁等处理措施是否经由质量管理部门核准。

17. 检查企业是否对祛斑美白化妆品，尤其是使用了祛斑美白新原料的化妆品，企业是否主动收集产品不良反应数据，并按照相关法规要求，对产品不良反应进行有效监测、评价、处理和记录。

18. 查看化妆品注册人是否建立并执行产品召回管理制度。

五、企业常见问题及案例分析

（一）常见问题

1. 普通化妆品在标签上宣称具有祛斑或美白功效。

2. 产品中加入祛斑美白功效成分，产品标签宣称祛斑美白功效，但产品只进行了备案。

3. 产品标签标注的成分与实际成分不符。

4. 企业未按照注册资料载明的生产工艺进行生产，随意调整乳化等关键步骤的相关工艺参数。

5. 生产批记录不完整，无法满足追溯要求。

6. 未对产品进行有效检测。出厂检验报告仅有感官指标（颜色、性状、气味等），无微生物、pH等检验结果。

7. 检验结果真实性问题。例如：检验结果超出企业规定的内控标准，仍出具合格的检验报告；检验结果出具时间与理论实验所需时间不符；提前写微生物检验结果等。

8. 产品放行管理混乱。出厂检验报告尚未出具或未经质量安全负责人审批放行，产品已出厂销售。

9. 原料管理混乱。生产车间存放未标识或者标识信息不符合法律、法规要求的物料；领料记录不全，无法追溯；生产过程中要求员工加入名称不明的物料。

10. 生产环境管理不到位。生产车间环境不能达到产品生产环境级别要求；未进行环境监控。

11. 超过贮存期限的半成品仍在使用灌装。

12. 不良反应监测管理不到位。未建立不良反应监测管理制度，接到消费者反馈的不良反应，不能进行有效处理。

13. 监督抽检发现企业生产的化妆品含有禁用原料，或者限用原料超出限值

（二）案例分析

案例 在对S企业进行现场检查的过程中，发现该企业原料仓库内，堆放有原料及半成品，其中有半袋原料敞口存放，并无相关标识，同一货位上，存放有a、b、c三种原料，但其货位卡上只有a种原料的相关信息。仓库中祛斑美白乳液的半成品由大桶贮存，其标签标识只有产品名称，无其他信息。

讨论分析 该企业存在仓库管理混乱、退库原料管理不到位、半成品暂存间与原料仓库混用、半成品标识信息不全、未制定半成品贮存期限等问题。

企业未能根据生产实际合理设置货位大小，导致很多原料堆放在同一货位，且货位信息卡与实际物料信息不符。敞口存放的半袋原料为退库物料，未按要求密封并做好标识，加大了原料污染和超出使用期限的风险。同时，企业仓库管理员职责履行不到位，上岗前未经培训考核。企业对半成品管理不到位，祛斑美白乳液半成品未存放于准洁净区，未在其制定的半成品使用期限前填灌装。

六、思考题

1. 根据作用机理，祛斑美白化妆品可分为哪几类？
2. 祛斑美白化妆品常见的安全风险有哪些？
3. 在检查祛斑美白化妆品过程中，应重点关注哪些环节？

（田育苗、陈芳莉编写）

参考文献

［1］国家药品监督管理局. 国家药监局关于发布《化妆品分类规则和分类目录》的公告（2021年 第49号）［EB/OL］.（2021.4.8）［2023-3-10］. https：//www.nmpa.gov.cn/xxgk/fgwj/xzhgfxwj/20210409160151122.html.

［2］杜小豪，徐卫，杜雪洁. 防晒化妆品UVA区效果评价方法的研究［J］. 日用化学工业，2002，（01）：68-71.

［3］罗东辉，王侠生. "表皮、黑素单元"抑或者"表皮、真皮、黑素单元"对皮肤色斑形成机制的思考［J］. 中国医疗美容，2019，9（07）：113-116.

［4］人民网.日本因佳丽宝化妆品出现白斑受害者达8千余人［EB/OL］.（2013-09-02）［2023-2-10］. https：//m.huanqiu.com/article/9CaKrnJC61w.

［5］胡君姣，李琼，李想，等. 祛斑化妆品研究进展及其功效评价［J］香料香精化妆品，2013，141（06）：59-63.

［6］张婉萍，董银卯. 化妆品配方科学与工艺技术［M］. 北京：化学工业出版社，2018，272-286.

［7］裘炳毅，高志红. 现代化妆品科学与技术［M］. 北京：中国轻工业出版社，2021：1887-1901.

［8］中华人民共和国国务院. 化妆品监督管理条例［EB/OL］.（2020-06-29）［2023-2-10］. http://www.gov.cn/zhengce/content/2020-06/29/content_5522593.htm.

［9］国家药品监督管理局. 关于发布《化妆品功效宣称评价规范》的公告（2021年第50号）［EB/OL］.（2021.4.9）［2023-2-10］. https：//www.nmpa.gov.cn/xxgk/fgwj/xzhgfxwj/20210409160321110.html.

［10］国家药品监督管理局. 关于发布《儿童化妆品监督管理规定》的公告（2021年第123号）［EB/OL］.（2021.9.30）［2023-2-10］. https：//www.nmpa.gov.cn/xxgk/fgwj/xzhgfxwj/20211008171226187.html.

［11］国家药品监督管理局. 关于发布《化妆品分类规则和分类目录》的公告（2021年第49号）［EB/OL］.（2021.4.8）［2023-3-9］. https：//www.nmpa.gov.cn/xxgk/fgwj/xzhgfxwj/20210409160151122.html.

［12］黄湘鹭，刘敏，邢书霞，等. 全球化妆品法规中祛斑美白类产品的相关规定［J］. 香料香精化妆品.2020，12（6）：91-96.

［13］马莹，李泽夏琼，邱红燕，等. 国内市售化妆品有害物质及禁用化学原料非法添加问题浅析［J］. 微量元素与健康研究，2021，38（02）：46-48.

［14］刘美云，董庆，李竹等. 2017-2019年全国各省市自治区化妆品抽检结果分析［J］. 广东化工，2021，48（2）：71-72.

［15］马莹，邱红燕，李泽夏琼，等. 国家药品监督管理局2019年通告不合格化妆品问题分析［J］. 中国医药导刊，2020，22（5）：356-360.

［16］孙晶，刁飞燕，王小兵等. 2016-2020年全国祛斑美白化妆品不合格情况分析［J］. 预防医学论坛，2021，27（10）：733-736.

［17］庞智慧，吴栩殷，张静.祛斑/美白类化妆品中的非法添加物及抽检建议［J］. 上海化工，2021，46（05）：35-39.

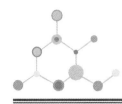

第四章

防晒化妆品检查技术指南

一、产品概述

（一）产品定义

防晒化妆品是用于保护皮肤、口唇免受特定紫外线所带来的损伤的化妆品。婴幼儿和儿童防晒化妆品的使用部位仅限皮肤。

（二）主要作用机理

1．紫外线与皮肤损伤

日光中的紫外线（通常用UV表示）是日光光谱中波长最短，能够对人体产生伤害的主要波段。UV主要分为3种，即UVA、UVB、UVC。其中，UVA表示长波紫外线，波长为320～400nm。UVB表示中波紫外线，波长为290～320nm。UVC表示短波紫外线，波长为200～290nm。

UVA波长最长，所以透射能力最强，其透射程度可达皮肤的真皮深处，具有透射力强、作用缓慢而持久的特点。短时间内可使皮肤出现黑化现象，被称为晒黑段。长期作用会损害皮肤的弹性组织，促进皱纹生成，使皮肤提前老化。

UVB透射程度不及UVA，只能透射到人体表皮层，在短时间内可使皮肤出现红斑、炎症等强烈的光损伤，被称为晒红段，它对皮肤的作用是迅速的，是导致皮肤急性晒伤的根源，会引起皮肤的光毒和光敏反应，是导致紫外线晒伤的主要波段。

UVA和UVB照射过量，都会诱发皮肤癌变。

UVC透射力最弱，只到皮肤的角质层，且绝大部分被大气阻留，所以不会对人体皮肤产生危害。

因此，防止紫外线对皮肤造成伤害的主要波段是UVA和UVB。

2．作用机理

防晒化妆品通过在化妆品中添加防晒剂，利用光的吸收、反射或散射作用，以保护皮肤免受特定紫外线所带来的伤害。根据产品中防晒剂的理化特性以及它们与紫外线作用的方式不同，防晒化妆品可分为物理防晒化妆品和化学防晒化妆品两类。

（1）物理防晒化妆品　物理防晒化妆品的防晒机制主要是通过在皮肤表面形成覆盖层，把照射到皮肤表面的紫外线反射或散射来减弱紫外线对皮肤伤害而达到防晒效果。目前国内批准使用的物理防晒剂只有二氧化钛和氧化锌两种。这两种防晒剂是惰性矿物质，安全性高。它们的最大使用量为25%，能抵抗UVB和UVA波段紫外线。不同的是：二氧化钛主要针对UVB波段；氧化锌主要针对UVA波段，但对UVB也有较好的防护能力。

随着科学技术的发展，纳米级别的防晒剂逐渐成为防晒化妆品研制的宠儿。目前，我国纳米级别防晒剂研制一般参考欧盟标准：体系含有颗粒形态，物质粒径小于$0.1\mu m$的颗粒物质占颗粒物质总数50%以上可初步判断为纳米材料。因此纳米级别防晒剂是指1～100nm粒径的二氧化钛或氧化锌粉体，因其粒径小而有较好透明度；纳米级别防晒剂反射或散射UVB能力会增强，更有助于SPF（防晒指数，数值越大，防日晒红斑/晒伤效果越好）的提升。需要引起注意的是：纳米技术材料因其吸入性风险，2016年起欧盟相继发布规定，纳米级别防晒剂氧化锌和二氧化钛不得使用于可能导致消费者肺部暴露的产品中。

（2）化学防晒化妆品　化学防晒化妆品的防晒机制是防晒剂吸收紫外线的光能转换为热能，通过电子的跃迁达到对紫外线能量的减弱。在使用产品后防晒剂在肌肤表层建立了抵御紫外线的屏障，将紫外线的能量削弱或吸收。表4-1列举了部分化学防晒剂的特点和相关风险。

表 4-1　常用化学防晒剂的特点和相关风险

INCI 名称	英文缩写	特点	风险
奥克立林	OCR	吸收波长250～360nm，只要吸收UVB就会释放自由基	需加抗氧化
4-甲基苄亚基樟脑	4-MBC	吸收UVB，是Parsol 1789有效光稳定剂	有毒性，干扰人体激素
水杨酸乙基己酯	EHS	吸收UVB，水杨酸类的衍生物	孕妇和哺乳期妇女谨慎使用
对甲氧基肉桂酸异戊酯	IMC	油溶性液体，对SPF有增效能力，天然等同防晒剂，有效吸收波长290～330nm	美国FDA不允许使用
甲氧基肉桂酸乙基己酯	EHMC	吸收UVB，全世界范围使用十分广泛	安全性有一定争议
聚硅氧烷-15	SLX-15	吸收UVB，澳大利亚、日本可用	没有获得美国FDA批准
二苯酮-3	BP-3	吸收UVB、UVA，分子量小被皮肤吸收	类雌激素，光过敏，需备注
二苯酮-4	BP-4	水溶性，吸收UVB	对皮肤、眼睛有一定刺激性
二乙氨羟苯甲酰基苯甲酸己酯	DHHB	吸收UVA，光稳定性佳	没有获得美国FDA批准
乙基己基三嗪酮	UVT150	吸收UVB，与DHHB合用提高SPF值	对水环境产生影响
对苯二亚甲基二樟脑磺酸	TDSA	水溶性，吸收UVB、UVA，主要针对UVA	/
甲酚曲唑三硅氧烷	DTS	全波段	对水环境产生长期不利的影响
胡莫柳酯	HMS	吸收UVB	对激素有微弱影响，会产生有毒代谢产物

（三）常见功效成分

防晒化妆品可在膏霜类及乳液的基础上添加功效成分即防晒剂而制得，其形态有防晒膏、防晒霜、防晒乳液、防晒啫喱、防晒喷雾等。

防晒剂的种类很多，大体可分为两类：物理性的紫外线屏蔽剂和化学性的紫外线吸收剂。二氧化钛和氧化锌作为物理防晒剂已经被美国FDA列入批准使用的防晒剂清单中，认可其物理屏蔽作用并广泛用于防晒产品中，配方中最高使用量均为25%。

常用的化学防晒剂主要有对氨基苯甲酸及其酯类、水杨酸酯类及其衍生物、邻氨基苯甲酸酯类、二苯酮及其衍生物、对甲氧基肉桂酸类、二苯甲酰甲烷类、樟脑类衍生物、苯并三唑类、二甲氧基硅氧烷丙二酸酯类、三嗪酮类等。还有一些其他化学防晒剂，如苯基苯并咪唑磺酸等。

防晒化妆品，为达到一定的防晒指数，通常需要添加足够量的物理防晒剂及化学防晒剂。而这些原料的添加，对配方的开发提出了特殊的要求，在配方设计时要充分考虑不同类型防晒剂的作用机理。此外，为了减少化学防晒剂对皮肤的刺激性，可以借用新型载体技术，将防晒剂包覆于载体中。

（四）生产工艺流程

1. 化学防晒剂防晒产品（防晒喷雾）

防晒喷雾是一种借用喷头将料体雾化，喷洒到皮肤上，便于涂抹的一种产品。其工艺流程图见图4-1。

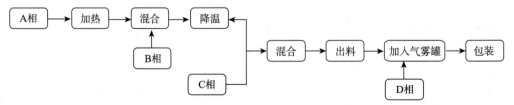

图4-1　化学防晒剂防晒产品生产工艺流程图

2．物理防晒剂防晒产品

以物理防晒剂为主的防晒产品工艺流程图见图4-2。

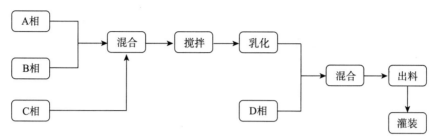

图4-2　物理防晒剂防晒产品生产工艺流程图

二、国内外相关监管要求

（一）国内相关监管要求

我国非常重视防晒产品的监管，根据《化妆品监督管理条例》《化妆品注册备案管理办法》规定，防晒化妆品属于特殊化妆品，需经国家药品监督管理局注册后方可生产、进口。

按照《化妆品注册和备案检验工作规范》要求，防晒化妆品均需检测铅、砷、汞、镉、微生物及所使用防晒剂的含量，并开展多次皮肤刺激性试验、皮肤变态反应试验及皮肤光毒性试验。若易触及眼睛的产品应进行急性眼刺激性试验。在人体功效测试前，应进行人体皮肤斑贴试验，出现刺激性结果或结果难以判断时，应当增加皮肤重复性开放型涂抹试验。宣称防晒的产品应当检测申报配方所含化学防晒剂以及SPF值；标注PFA值或者PA+～PA++++的产品，应当检测长波紫外线防护指数（PFA值）；宣称UVA防护效果或者宣称广谱防晒的产品，应当检测化妆品抗UVA能力参数–临界波长或者测定PFA值；防晒产品宣称"防水""防汗"或者"适合游泳等户外活动"等内容的，应当根据其所宣称抗水程度或者时间按规定的方法检测防水性能。

目前国家建立的防晒剂检验标准主要包括《化妆品安全技术规范》（2015

年版）中对苯基苯并咪唑磺酸等16种组分的高效液相色谱–二极管阵列检测法或高效液相色谱–紫外检测法，二苯酮–2的高效液相色谱检测法，二氧化钛的分光光度检测法等。2019年7月11日已发布"化妆品中3–亚苄基樟脑等22种防晒剂的检测方法纳入化妆品安全技术规范（2015年版）的通告（2019年 第40号）"已将防晒剂的检测方法更新为22种组分，更新后检测方法仅有"高效液相色谱–二极管阵列检测法"

（二）国际相关监管要求

1．欧盟和东盟

欧盟和东盟均将防晒产品作为化妆品管理，前者所用防晒剂执行欧盟化妆品法规（EC）No 1223/2009 附录Ⅵ《化妆品准用防晒剂清单》的规定；后者需满足东盟化妆品指令附录Ⅶ《化妆品准用防晒剂清单》的规定。

2．美国

美国将防晒产品作为药品进行监管，认为其具有药物宣称，需符合防晒产品OTC专论（21CFR352）的规定要求，除此之外的新防晒剂则作为新药管理，需经美国FDA审查方可投放市场。

3．澳大利亚

防晒产品在澳大利亚属于化妆品或药品，澳大利亚《防晒产品监管指南》指出，使用了防晒剂但主要用途不是防晒或治疗的产品属于化妆品。若具备以下四大特征之一的防晒产品则属于药品：主要用途是防晒且SPF值大于或等于4的；次要用途是防晒但不属于化妆品的；SPF值大于或等于4，主要或次要用途是防晒但含驱虫剂的；使用了非准用防晒剂的。

4．韩国

防晒产品在韩国属于机能性化妆品，需满足韩国《化妆品安全标准等相关规定》的要求，使用清单以外的防晒剂时，需要在申报机能性化妆品时提交相应资料。

5．日本

日本根据用途将防晒产品分为化妆品或药用化妆品：宣称防晒、预防日晒引起的色斑、雀斑等用途的属于化妆品；除此以外还具有抑制黑色素生成等作用机理的则属于药用化妆品。日本准用防晒剂须符合日本《化妆品基准》允许使用的紫外线吸收剂清单的规定。

三、常见违法行为及安全风险

随着我国经济快速发展、人民生活水平的提高，防晒化妆品在人们日常生活中的使用越来越普遍，其安全性也备受关注。

人们对防晒剂安全性的担忧主要集中在皮肤的渗透性和细胞毒性两方面。出于安全性考虑，各国对化学防晒剂的使用都有严格限制。某些防晒剂可能对人体有一定刺激性，少数人使用后会有过敏反应。分子量较小的油溶性防晒剂，容易被皮肤吸收甚至进入皮肤角质层，有一定安全风险，常见接触的过敏原分子量都低于500道尔顿。相反，较大的分子因为无法透皮，一般不会成为人体的过敏原。一般来说，分子量大于500道尔顿的防晒剂（表4-2）不易被皮肤吸收，对人体相对安全。

表4-2　分子量大于500道尔顿的防晒原料特点

INCI 名称	分子量	特点
乙基己基三嗪酮（EHT）	823	与APLUS复配增加防晒指数
亚甲基双-苯并三唑基四甲基丁基酚（MBBT）	659	吸收波长280～400nm，光谱防晒，有2个最大吸收波长
对苯二亚甲基二樟脑磺酸（Mexoryl SX）	562	水溶性，吸收UVB、UVA，主要针对UVA
甲酚曲唑三硅氧烷（Mexoryl XL）	502	油溶性，稳定性好

目前，我国防晒类化妆品主要存在以下违法问题和安全风险。

（一）实际成分与注册配方不一致

如未检出批件及标签标识的防晒剂和检出批件及标签未标注的防晒剂，有的产品同时存在以上两种问题。还存在企业无特殊化妆品批件或者批件过期等情况。

（二）超量使用防晒剂

对于含化学防晒剂的防晒化妆品，一般来说，按剂量使用安全风险相对较低，但如果超剂量使用则可能会造成皮肤灼伤，也有研究表明可能会干扰内分泌系统。即使是物理防晒剂，如果超剂量使用，也易加重肌肤负担，损害皮肤天然屏障，容易引起毛孔堵塞。

（三）非法添加禁用成分或限用成分超标

非法添加禁用成分、限用成分超限值的防晒化妆品刺激性较强，可能会导致皮肤感染、过敏、损伤，引发儿童骨骼和器官发育受损等一系列严重问题。

（四）甲醛及释放甲醛的防腐剂超标

甲醛由于亲水性好、杀菌效果高、价格低廉等原因，常被充当化妆品中的防腐剂。即使低浓度的甲醛也会造成使用者皮肤过敏、咳嗽、多痰、恶心等；同时，甲醛会抑制汗腺分泌，使皮肤干燥。2022年3月4日，斯洛文尼亚发布化妆品成分新要求，对含甲醛的化妆品标签要求标注"含有甲醛"警示语和限值，限值为0.001%（10mg/kg）。此外，防晒类化妆品在普遍的认知中，比一般的基础护肤品刺激性更大。所谓"刺激性"并不只是防晒剂引起的，还可能是配方中其他基质成分（如防腐剂、香精、表面活性剂等）产生了皮肤刺激。例如：含有甲醛释放体防腐剂双咪唑烷基脲。这类防腐剂（咪唑烷基脲、DMDM乙内酰脲）通过释放甲醛防腐，属于激进型防腐剂，易引起肌肤的过敏反应。

（五）微生物超标

使用微生物超标的化妆品有可能引起皮肤、面部器官等局部甚至全身感染，若是致病细菌通过皮肤损伤部位或者口腔进入体内，可能会引起更严重的后果。

（六）重金属超标

如果化妆品中铅汞等重金属超标，经常使用会出现铅汞中毒的现象。患者皮肤会出现暗黄无光泽、毛孔粗大、容易出油、产生色斑、肤色不均变黑等问题，严重的还会出现皮肤红肿、脱皮等现象。同时还会出现头晕头疼、乏力体虚、记忆力下降等症状。

（七）喷雾型防晒化妆品的潜在危害

喷雾型防晒产品具有与喷雾特点相适应的产品配方和生产工艺，使用方法也与一般的防晒产品不同，具有独特的产品属性和风险特点。此类产品存在潜在的吸入风险，且易对眼睛和口腔造成伤害。在《化妆品安全技术规范》（2015年版）所列"使用范围和限制条件"中，部分原料为"禁用于喷雾产品"，特别是部分防腐剂，如三氯叔丁醇、脱氢乙酸及其盐类、甲醛等。

（八）重复使用防晒剂

研究显示，有些防晒化妆品添加了3～5种防晒剂，有的甚至添加了6～7种。使用多种防晒剂既可以克服单一防晒剂在光谱性和防晒效果方面的不足，还能发挥多个防晒剂之间的协同互补效应。但是由于对化学防晒剂重复使用是否有相互作用的研究不多，防晒剂本身或者降解产物对皮肤会产生刺激作用，以及重复使用后防晒化妆品中防晒剂总量没有控制限度，这些都会给消费者带来潜在的安全风险。

四、检查重点及方法

根据防晒化妆品的产品特点、常见违法问题和安全风险，除了依据《化妆品生产质量管理规范检查要点及判定原则》进行现场检查外，需重点关注如下内容：

1. 检查企业物料、产品标准是否符合相关法律法规、强制性国家标准、技术规范等相关要求，检验方法是否符合或者经验证可满足《化妆品安全技术规范》（2015年版）等相关技术规范要求。

2. 检查企业出厂检验报告中的防晒剂种类、含量是否与注册资料、标签相一致。

3. 抽查企业制定的产品生产工艺规程、岗位操作规程中产品配方及用量是否与产品注册资料载明的技术要求一致。

4. 检查实际生产过程中的、注册资料中的以及标签标注的产品配方情况，重点核实三者是否一致。

5. 查阅物料清单，查看是否存在禁用原料、未经注册或者备案的新原料，如存在，查阅原料出入库记录，判断是否存在使用的情形。

6. 查阅物料清单，关注限用物质，检查其使用记录（出入库记录、产品批生产记录），结合原料质量安全相关信息资料，判断是否存在超出使用范围、限制条件使用限用原料的情形。

7. 查阅生产过程中形成的批生产记录，重点查看投料配方是否与生产工艺规程一致，是否违规使用禁用原料、限用原料或者超出范围使用防晒剂。

8. 现场检查企业生产期间使用的物料是否与生产工艺规程载明的物料信息一致，生产过程中物料是否标明名称或者代码等信息。

9. 查看文件和记录，确认企业是否有不良反应监测文件以及相关记录。

10. 抽查原料、外购的半成品以及内包材，查看是否留存分析证明、检测报告、安全技术说明书等质量安全相关信息资料；质量安全相关信息资料中是否能明确复配原料、外购的半成品中成分及其含量。

11. 检查防晒剂使用情况是否符合《化妆品安全技术规范》（2015年版）中的最大允许浓度、标签上必须标印的注意事项。

12. 通过查阅相关文件和记录并结合实验室现场检查的方式进行，同时要与质量安全负责人、质量管理部门负责人、检验人员等进行交流。重点核查企业制定的检验管理制度、原料、内包材、半成品以及成品的质量标准和物料验收、产品检验规程，以及物料和产品验收或检验记录，对实验室进行现场检查，关注其是否具有满足出厂检验要求的实验室仪器、环境及人员。

13. 查阅企业制定原料、半成品以及成品的质量标准和物料验收、产品检验规程，以及物料和产品验收或检验记录，其中涉及的检验项目、方法、频次应当与产品注册资料载明的技术要求一致。

14. 对购进物料不检验的，查阅是否有物料生产企业提供的检验报告或质量规格证明，结果是否符合《化妆品安全技术规范》或企业质量标准。

15. 查阅半成品、成品等检验记录，重点核实防腐剂、重金属等含量是否符合相关法律法规、强制性国家标准、技术规范等相关要求。

16. 查看不良反应监测记录，确认企业是否按文件要求收集、报告、分析、评价、调查、处理化妆品不良反应，是否根据具体情况采取相应的风险控制措施。

化妆品生产质量管理规范
实施检查指南

五、企业常见问题及案例分析

（一）常见问题

1. 抽检发现产品实际不含标签标示的防晒剂或者低于防晒剂标示含量，SPF值、PA值抽检结果与标签标示值不一致。

2. 实际生产的配方与标签中标注的产品配方不一致。例如：以低价原料代替配方中活性成分等情况。

3. 企业不能提供产品批生产记录；批生产记录内容不完整。

4. 企业采购原料时未索取相关合法票据，未制定原料采购计划、未签订采购合同等文件。

5. 企业不能提供合格的原料检验报告，或者原料质量规格证明与企业制定的原料要求不一致。

6. 企业不能提供合格的成品、半成品检验记录。例如：缺少检测依据、检验人、复核人等信息。

7. 现场贮存的原料、半成品标识不完整，缺少产品名称、批号、数量、贮存时间或者贮存期限等信息。

8. 企业未按规定的贮存条件及贮存期限贮存原料及半成品。

9. 过期原料未按不合格品控制程序进行处理。不合格原料未清晰标识、未专区存放。

10. 防晒剂等关键原料不能提供出入库台账记录，且物料不平衡。

11. 企业不能提供进口原料的进口报关单或者出入境检验检疫证明。

12. 企业不能提供防晒剂等原料的采购、验收、贮存、使用及检验等原始记录。

13. 产品留样不符合要求。

14. 实际生产工艺与注册资料载明的技术要求内容不一致。

（二）案例分析

案例 在现场检查Y企业生产的"XXX防晒霜"时，通过查阅该产品的批生产记录，发现其关键原料防晒剂A投料量远低于其产品注册申报资料中配方的规定值。同时，在生产该产品的现场，发现企业员工除了添加防晒剂A外，还在添加另一种防晒剂B，经查，第二种防晒剂的功效及价格均低于标签或批件中规定的原料。

讨论分析 防晒化妆品作为特殊化妆品，其防晒作用的大小主要由所添加防晒剂的类别和数量决定。以上涉事企业为降低成本，采用减少防晒剂的用量，甚至以较次原料代替注册申报原料的手段，直接的结果就是降低了产品的防晒效果，损害了消费者的合法权益。因此，在防晒化妆品的检查中，需重点关注防晒剂，既要核实实际生产的配方是否与注册申报的配方和标签标识一致，也要留意是否存在以次充好的问题。

六、思考题

1. 防晒化妆品的作用机理是什么？

2. 防晒化妆品常见的安全风险有哪些？

3. 在检查防晒化妆品过程中，应重点关注哪些环节？

（付泽朋编写）

参考文献

［1］国家药品监督管理局. 关于发布《化妆品分类规则和分类目录》的公告（2021年第49号）［EB/OL］.（2021-04-08）［2023-03-03］. https：//www.nmpa.gov.cn/xxgk/fgwj/xzhgfxwj/20210409160151122.html.

［2］袁李梅，邓丹琪. 防晒剂的特性及应用［J］. 皮肤病与性病，2009，31（2）：20-23.

［3］HARRISON S C，BERGFELD W F. Ultraviolet light and skin cancer in athletes［J］. Sports Health：A Multidisciplinary Approach，2009，1（4）：335-340.

［4］国家食品药品监督管理总局. 国家食品药品监督管理总局关于发布化妆品安全技术规范（2015年版）的公告（2015年第268号）［EB/OL］.（2021-12-23）［2023-03-09］. https：//www.nmpa.gov.cn/hzhp/hzhpfgwj/hzhpgzwj/20151223120001986.html.

［5］杨玉兰，刘海军，黄小梅等. 新法规下防晒产品现状和趋势［J］. 日用化学品科学，2022，45（9）：13-18.

［6］张婉萍.化妆品配方科学与工艺技术［M］. 北京：化学工业出版社，2018：246-271.

［7］中华人民共和国国务院. 化妆品监督管理条例［EB/OL］.（2020-06-16）［2023-3-9］. https：//www.nmpa.gov.cn/xxgk/fgwj/flxzhfg/20200629190501801.html.

［8］国家市场监督管理总局. 化妆品注册备案管理办法［EB/OL］.（2021.1.7）［2023-3-9］. https：//gkml.samr.gov.cn/nsjg/fgs/202101/t20210112_325127.html.

［9］张妮，顾宇翔，林毅侃等. 化妆品准用防晒剂的国内外监管与国内检测现状［J］. 香精香料化妆品，2022，（2）：93-103.

［10］王亮，陈羽菲，周欣. 防晒化妆品国家质量监督抽查问题分析［J］. 香料香精化妆品，2021，（2）：91-94.

［11］苏哲，高家敏，李琳等. 喷雾型防晒化妆品的国际法规动态和技术监管讨论［J］. 日用化学工业，2021，52（1）：69-76.

［12］刘小娟，张弦，周桓，欧阳淑娟，邱静雯，梁梓韵，肖树雄.2015-2019年防晒类化妆品中防晒剂的使用情况分析［J］. 广州化工，2020，48（24）：78-80.

［13］国家药品监督管理局. 国家药监局关于发布《化妆品生产质量管理规范》的公告（2022年第1号）［EB/OL］.（2022-01-06）［2023-3-9］. https：//www.nmpa.gov.cn/hzhp/hzhpfgwj/hzhpgzwj/20220107101645162.html.

［14］国家药品监督管理局. 国家药监局关于发布《化妆品生产质量管理规范检查要点及判定原则》的公告（2022年第90号）［EB/OL］.（2022–10–25）［2023–03–09］. https：//www.nmpa.gov.cn/xxgk/ggtg/qtggtg/jmhzhptg/20221025104946190.htm

第五章

防脱发化妆品检查技术指南

一、产品概述

（一）产品定义

防脱发化妆品，是指通过改善头皮状态预防脱发、减少头发脱落的产品。主要产品类型有防脱洗发液、防脱精华液、防脱发膜、防脱发精油等。

（二）头发结构与脱发机理

1．头发结构

毛发由毛干、毛根、毛囊、毛乳头等组成。毛发从毛囊深部的毛球不断向外生长，每根头发可生长若干年，直至最后自然脱落，毛囊休止一段时间后重新长出新发，这个过程称为毛发生长周期。毛发生长周期一般分为生长期、退行期（也称为消退期）和休止期。

2．脱发机理

脱发包括生理性脱发和病理性脱发两种。生理状态下头发毛囊周期性生长，经历生长期、退行期和休止期。在正常情况下，进入退行期和休止期与进入生长期的毛发处于相对平衡的状态，每日脱发100~150根是正常的生理代谢，称为生理性脱发。若由于某些原因（常见的有药物副作用、环境因素、精神因素、产后内分泌水平改变等）破坏了这种正常的生长周期，平衡状态被打破，脱发数目远远超过正常值，就称为病理性脱发。

病理性脱发分为很多类型，包括斑秃、假性斑秃、全秃和普秃、雄激素性脱发（也称为脂溢性脱发）等。临床上最常见的为雄激素性脱发与斑秃。雄激素性脱发与雄激素及遗传因素有关，雄激素与遗传因素对雄激素性脱发的发生起决定作用，社会心理因素显著影响雄激素性脱发的发生，其他可产生脱发的方式或者环境均可启动或者影响雄激素性脱发进程。

雄激素是影响毛囊发育的重要因素，雄激素可明显缩短毛发生长期，内分泌异常导致皮脂分泌过多，形成栓塞，在多个生长周期后毛发变细，促使毛囊萎缩导致脱发。

斑秃的病因尚不明确，可能与遗传、内分泌失调、神经疾病等多种因素有关。其他导致脱发的因素有血液循环不好，毛乳头部供血不足以及受到细菌感染等。

从功效上讲，防脱发化妆品仅有助于改善或者减少头发脱落，达到改善发质或者预防头发脱落的效果，而不具备调节激素或者促进生发的作用。对于病理性脱发应尽早诊疗。

（三）防脱发化妆品机理

防脱发化妆品一般添加了某些允许化妆品使用的功效成分，通过刺激毛囊、促进血液循环、提供营养成分、抑制皮脂分泌作用，达到防脱发目的。

（四）常见功效成分

常见防脱发化妆品功效成分按照作用机制划分为以下3类：

1．抑制皮脂分泌类

水杨酸、薄荷醇、银杏叶提取物、艾叶提取物等。

2．促进血液循环、增强头发营养类

维生素E及其衍生物、肌醇、苦参提取物、当归提取物、何首乌提取物、辣椒提取物、生姜提取物等。

3．增强毛囊活力类

角蛋白、人参皂苷、氨基酸、水解胶原、胎盘提取物、泛醇及其衍生物等。

（五）生产工艺流程

一般防脱发化妆品产品类型多为洗发水、头皮精华、防脱护发膏、护发精油等，生产工艺流程较为简单，可参考膏霜乳液产品生产工艺流程图。

二、国内外相关监管要求

（一）国内相关监管要求

防脱发化妆品在一定程度上参与人体生理机能的调节，风险程度相对较高，《化妆品监督管理条例》规定，防脱发化妆品在我国按照特殊化妆品管理。

根据《国家药监局关于实施<化妆品注册备案资料管理规定>有关事项的公告》（2021年第35号）规定：自2022年1月1日起，申请防脱发化妆品注册时，注册申请人应当按照规定，提交符合要求的人体功效试验报告。2021年5月1日前申请并取得注册的防脱发化妆品，注册人应当在2023年5月1日前补充提交人体功效试验报告。2021年5月1日至12月31日期间申请并取得注册的防脱发化妆品，注册人应当于2022年5月1日前补充提交符合要求的人体功效试验报告。

（二）国际相关监管要求

国际上对防脱发功效产品管理较为严格。例如，防脱发产品品在美国和欧洲按照非处方药管理，在日本按照医药部外品管理。韩国按照机能性化妆品管理。

三、常见违法行为及安全风险

由于人们生活工作节奏加快、精神压力过大等因素，我国的脱发人群在增加。根据国家卫生健康委2019年的调查结果，我国脱发人群已超过2.5亿人。防脱发化妆品的消费需求呈指数级增长，市场规模也不断扩大。目前，我国防脱发化妆品主要存在以下问题和安全风险。

（一）非法添加禁用成分

目前，防脱发化妆品存在的主要风险是非法添加禁用原料或者超范围使用限用原料。受盲目追求利润的驱动，一些不法生产者将临床治疗脱发的药物（雄激素抑制剂、生物学反应调节剂、皮质类固醇等）添加到防脱发类化妆品中，使得防脱发化妆品的使用者面临滥用药物的安全威胁。常见的非法添加物质有米诺地尔、氢化可的松、螺内酯、雌三醇、雌二醇、雌酮、坎利酮、醋酸曲安奈德、睾酮、甲睾酮、黄体酮、环孢素、地蒽酚等。《化妆品安全技术规范》（2015年版）明确规定米诺地尔、螺内酯、性激素、糖皮质激素和抗感染类药物为化妆品禁用成分，并规定了相关的5个检测方法。但由于现有的检测方法尚未对禁用组分实现全覆盖，部分非法添加物质尚缺乏法定检测方法。

（二）禁限用成分超标

防脱发化妆品配方中所采用原料本身所含有的禁限用成分超标问题也严重影响消费者使用安全。防脱发化妆品配方中使用的防脱发活性原料多来源于动植物提取物，受动植物产地、提取工艺等因素的影响较大，部分动植物提取物存在带入禁用成分或导致限用成分超限的风险。此外，由于动植物提取物成分复杂，质量控制不严格也使得该类化妆品存在致敏、致癌等安全风险。

部分防脱发产品配方中常使用甲醛缓释体类防腐剂，例如咪唑烷基脲、双（羟甲基）咪唑烷基脲、DMDM乙内酰脲等，这类防腐剂是通过分解产生少量甲醛来防止化妆品微生物污染的。含有甲醛缓释体类防腐剂的产品中甲醛的释放量与所处的物理化学环境有关，一般会随pH、温度以及时间的增加而上升，从而导致化妆品中甲醛超标，引发致癌、致基因突变和生殖毒性等安全问题。对皮肤敏感的消费者，选用含有甲醛缓释体类防腐剂的防脱发产品易出现过敏、接触性皮炎等情况。

此外，部分防脱发产品配方中使用了聚乙二醇或者聚氧乙烯醚等成分，该类成分在进行高温合成的环节存在带入二噁烷的可能性。二噁烷对皮肤、眼部和呼吸系统有刺激性，并且可能对肝、肾和神经系统造成损害，急性中毒时甚至可能导致死亡。《化妆品安全技术规范》（2015年版）二噁烷限值为30mg/kg，国际癌症研究所将二噁烷列为2B级致癌物。

（三）虚假功效宣称

防脱发化妆品还存在虚假或者夸大宣传等问题，误导、欺骗消费者。根据《化妆品分类规则和分类目录》，防脱发化妆品的功效释义为"有助于改善或者减少头发脱落"，具有调节激素水平、促进生发作用的产品不属于化妆品。目前市场上部分防脱发化妆品存在明示或者暗示医疗作用和效果的情形，例如宣称"抗菌""消炎""生发""毛发再生"等。

（四）功效宣称评价存疑问题

防脱发化妆品还存在缺乏功效评价依据问题。人体功效评价试验是防脱发化妆品功效宣称评价项目要求中的必做项目。目前，依据《化妆品安全技术规范》（2015年版）防脱发功效宣称评价试验测试的标准，采用60次梳发法进行测试，由于实际产品剂型和产品形式不同，功效评价试验过程中存在操作不规范，标准执行不够严格等问题。此外，受试人员样本数量有限、测试过程不可控因素（如受试者身体情况、测试环境）等因素也在一定程度上影响到功效评价结果的真实可靠性。

四、检查重点及方法

根据防脱发化妆品的产品特点和安全风险点，现场检查时，除了依据《化妆品生产质量管理规范检查要点及判定原则》的通用要求进行检查外，需重点关注如下内容：

1. 检查企业生产的防脱发化妆品是否均经注册且在有效期内，其标签、配方等信息是否与注册资料载明的技术要求一致；生产许可项目是否包含相关产品的单元。

2. 检查企业物料、产品标准是否符合相关法律法规、强制性国家标准、技术规范的要求，检验方法是否符合或者经验证可满足《化妆品安全技术规范》（2015年版）等相关技术规范要求。

3. 检查企业涉及防脱发化妆品研发、生产的员工是否具备履行岗位职责的专业知识和化妆品相关的法律知识。

4. 检查企业是否建立并执行记录管理制度，记录是否真实、完整、准确，清晰易辨，保证物料采购、产品生产、质量控制、贮存、销售和召回等全部活动可追溯。

5. 检查企业是否建立并执行检验管理制度，对需控制微生物指标的原料，是否按检验操作规程进行检验或者确认，菌落总数限值是否符合《化妆品安全技术规范》（2015年版）的要求。

6. 检查企业是否具备微生物检验项目的检验能力，是否配备有与产品类别相适应的检验人员、检验设施、设备和仪器。

7. 检查企业是否存在擅自改变生产车间的功能区域划分等行为。

8. 检查企业不同洁净级别的区域是否有物理隔离，是否根据工艺质量保证要求保持相应的压差。

9. 检查企业是否有使用禁用原料、未经批准的新原料或者超出使用范围、限制条件使用限用原料的行为。

10. 检查生产车间各功能区内是否存在可疑物料。

11. 检查企业是否及时对不合格品进行标识与处理以避免混淆。

12. 检查企业生产的防脱发化妆品是否制定有相应的生产工艺规程和岗位操作规程，是否明确主要生产工艺参数及工艺过程的关键控制点。

13. 检查企业生产的防脱发化妆品的生产工艺规程是否与产品注册资料载明的技术要求相一致。

14. 检查企业在防脱发化妆品开始生产前是否对生产车间、设备、器具和物料进行确认，确保其符合生产要求。

15. 检查企业是否建立并执行清洁消毒操作规程，生产防脱发化妆品的生产设备和器具是否在清洁消毒有效期限内，清洁消毒标识是否清晰；是否在批生产后或者更换生产品种前及时清场、进行清洁消毒并记录。

16. 检查生产过程使用的物料以及半成品是否全程清晰标识，是否标明名称或者代码、生产日期或者批号、数量，是否可追溯。

17. 检查企业是否建立并执行不良反应监测制度，是否对收集或者获知的防脱发化妆品不良反应报告进行分析评价并自查原因，是否采取了相应的纠正预防措施。

五、企业常见问题及案例分析

（一）常见问题

1. 未按照注册资料的配方及其他技术要求生产。非法添加禁用成分或超限使用限用成分。

2. 未制订生产工艺规程，或主要生产工艺参数未经验证，

3. 未制订原料验收标准或验收标准与产品特性不一致。

4. 对购进的原料未经严格验收，对关键原料，如主要功效成分的供应商未进行重点审核。

5. 不能提供产品批生产、检验记录或者批生产、检验记录不完整。

6. 产品未按照出厂检验标准检验。

7. 不易清洁的生产工序未采取适当的清洁措施，易造成交叉污染。

8. 未按规定的贮存条件及贮存期限贮存半成品；半成品标识不完整、不清晰，缺少名称、代码、生产日期或者批号、数量等信息。

（二）案例分析

案例 在风险监测中，发现A企业生产的"防脱发精华露"涉嫌非法添加禁用物质黄体酮，国家药监局实施飞行检查。检查时该企业为自主停产状态，企业法人否认生产过涉事产品。检查企业留样室、生产车间、成品库等未发现涉事产品，原料库、实验室等未发现购买储存禁用物质线索，包材库内存放有两箱涉事产品外包装盒，且生产日期已喷码并加贴"QC pass"标识，检查组立即对企业法人、生产负责人、乳化车间工人分别进行询问，同时调取企业出入库台账、销售台账等资料。经核实销售台账，企业销售涉事产品4900支。企业不能提供涉事产品批生产记录，企业生产负责人解释该产品仅生产1批

并通过网络直播带货全部出售且未进行留样。

讨论分析 该涉事产品在飞行检查前已由国家药监局发布了不合格产品通告，企业存在事先清理相关违法行为和证据的可能。涉事产品无生产记录、无留样，现场难以发现生产过的证据，同时企业法人人否认生产通报中所述产品，给检查工作带来很大困扰。但在检查组深入调查后，发现企业了销售4900支涉事产品的证据。企业也承认了实际生产了涉事产品的事实。经检查组综合研判，企业不能提供涉事产品生产工艺规程和岗位操作规程、批生产记录、留样记录、产品检验放行等资料，生产管理存在混乱，产品质量无法追溯，而且存在弄虚作假行为，根据《化妆品生产质量管理规范检查要点及判定原则》判定企业生产质量管理体系存在严重缺陷。

六、思考题

1. 防脱发化妆品常见的安全风险有哪些？

2. 在检查防脱发化妆品过程中，应重点关注哪些环节？

3. 检查过程中企业否认生产涉事产品是否需要继续检查？是否需要对其他产品进行延伸检查？

（田青亚编写）

参考文献

［1］国家药品监督管理局.关于发布《化妆品分类规则和分类目录》的公告（2021年 第49号）［EB/OL］.（2021-04-08）［2023-3-9］.https：//www.nmpa.gov.cn/xxgk/fgwj/

xzhgfxwj/20210409160151122.html.

［2］Paus R，Cotsarelis G. The Biology of Hair Follicles［J］. N Engl J Med. 1999, 341（7）: 491-497.

［3］Schneider MR，Schmidt-Ullrich R，Paus R. The Hair Follicle as a Dynamic Miniorgan［J］. Curr Biol, 2009, 19（3）: R132-R142.

［4］Chase HB. Growth of the hair. Physiol Rev, 1954, 34（1）: 113-126.

［5］Muller-Rover S，Handjiski B，van der Veen C，et al. A comprehensive guide for the accurate classification of murine hair follicles in distinct hair cycle stages［J］. J Invest Dermatol, 2001, 117（1）: 3-15.

［6］张学军，郑捷. 皮肤性病学［M］. 9版. 北京：人民卫生出版社，2018: 172-175.

［7］Kaufman KD. Androgens and alopecia［J］. Mol Cell Endocrinol, 2002；198（1-2）: 89-95.

［8］Levy-Nissenbaum E，Bar-Natan M，Frydman M，et al. Confirmation of the association between male pattern baldness and the androgen receptor gene［J］. Eur J Dermatol, 2005, 15（5）: 339-340.

［9］杨梅，李忠军，傅中. 化妆品安全性与有效性评价［M］. 9版. 北京：人民卫生出版社，2018: 442-449.

［10］国家食品药品监督管理总局. 关于发布化妆品安全技术规范（2015年版）的公告（2015年 第268号）［EB/OL］.（2015-12-23）［2023-03-09］. https：//www.nmpa.gov.cn/hzhp/hzhpfgwj/hzhpgzwj/20151223120001986.html.

第六章

儿童化妆品检查技术指南

一、产品概述

（一）产品定义

儿童化妆品是指适用于年龄在12岁以下（含12岁）儿童，具有清洁、保湿、爽身、防晒等功效的化妆品。

标识"适用于全人群""全家使用"等词语或者利用商标、图案、谐音、字母、汉语拼音、数字、符号、包装形式等暗示产品使用人群包含儿童的产品按照儿童化妆品管理。

（二）儿童皮肤特点

儿童皮肤的生理特点较成人存在明显不同，具有表皮屏障功能不完全、真皮纤维结构不成熟、皮脂腺以及汗腺分泌功能不完善、黑色素含量低等特点，使得有害物质更易经皮肤吸收。儿童皮肤组织对微生物抵抗力差、对外界刺激耐受能力弱、对外来物质敏感，用妆后易引起不良反应，导致皮肤出现干燥、泛红、瘙痒等问题。

（三）功效宣称

根据《化妆品分类规则和分类目录》的规定："婴幼儿"是0～3周岁，含3周岁，"儿童"是3～12周岁，含12周岁，按照分类规则和分类目录区分特殊化妆品和普通化妆品，其中普通化妆品适用于婴幼儿的功效宣称仅限于清洁、保湿、护发、舒缓、爽身；适用于儿童的功效宣称仅限于清洁、卸妆、保湿、美容修饰、芳香、护发、修护、舒缓、爽身。特殊化妆品功效宣称仅限于防晒以及新功效。目前市场上儿童普通化妆品的主要类别包括清洁、保湿、舒缓、爽身等，剂型包括油、水、粉、乳液及膏霜等。而特殊化妆品主要涉及防晒，主要剂型为乳液及膏霜。

（四）配方设计

由于儿童皮肤的特殊性，儿童化妆品对产品安全性提出了更高的要求。《儿童化妆品监督管理规定》规定，儿童化妆品配方设计应当遵循安全优先原则、功效必需原则和配方极简原则。保证安全是儿童化妆品开发的基本前提。功效设计需要根据儿童的皮肤特点及基本需求综合考虑。配方极简是指在满足必需功效的前提下，相对减少原料的使用种类。儿童化妆品配方设计应当选用有长期安全使用历史的化妆品原料；不允许使用以祛斑美白、祛痘、脱毛、除臭、去屑、防脱发、染发、烫发等为目的的原料；应当从原料的安全、稳定、功能、配伍等方面，结合儿童生理特点，评估所用原料的科学性和必要性，特别是香料香精、着色剂、防腐剂及表面活性剂等原料。

儿童化妆品常用原料包括油性原料、粉质原料、表面活性剂、防腐剂等。植物系油脂原料在儿童化妆品中使用较多，如橄榄油、杏仁油、茶籽油、霍霍巴油。儿童化妆品中使用到的粉质原料通常是用来制备爽身粉等，主要使用的原料是滑石粉。儿童化妆品中添加表面活性剂主要是用来制备相应的洗涤用品，如洗发水、沐浴露等，常用的表面活性剂包括油酰胺MEA磺基琥珀酸酯二钠、N-月桂酰基谷氨酸双十八（烷）醇酯。儿童化妆品使用较多的防腐剂包括尼泊金酯类（对羟基苯甲酸酯）、复合防腐剂（双咪唑烷基脲、尼泊金酯以及丙二醇的复合混合物）、植物提取液以及精油（如金盏花提取物、洋甘菊提取物、芦荟提取物、茶树精油）。

（五）生产工艺

1. 膏霜乳液类儿童化妆品生产工艺如图6-1所示。

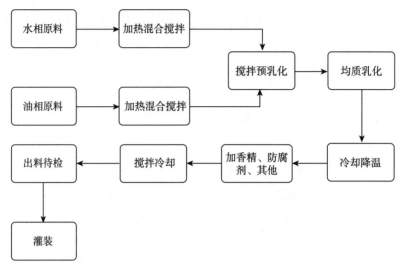

图6-1　膏霜乳液类化妆品生产工艺流程图

2. 粉类儿童化妆品生产工艺如图6-2所示。

图6-2　粉类化妆品生产工艺流程图

二、国内外相关监管要求

（一）国内相关监管要求

我国监管部门非常重视儿童化妆品的监管。2020年6月，国务院发布《化妆品监督管理条例》，之后陆续颁布实施了多项涉及儿童化妆品的技术规范和文件。

《化妆品注册备案资料管理规定》明确宣称婴幼儿和儿童使用的产品不属于可豁免毒理学试验的情形。

《化妆品安全评估技术导则（2021年版）》对儿童化妆品安全评估提出

要求，在危害识别、暴露量计算等方面，应结合儿童生理特点；产品微生物学评估方面应当对儿童化妆品微生物污染予以特别关注。

《化妆品标签管理办法》规定法律、行政法规、部门规章、强制性国家标准、技术规范对适用于儿童等特殊人群化妆品要求标注相关注意事项的，应当以"注意"或者"警告"作为引导语，在销售包装可视面标注"应当在成人监护下使用"等警示用语。

《化妆品生产经营监督管理办法》明确儿童护肤类化妆品应具备严格的生产条件，并在化妆品生产许可证上进行特别标注；要在标签上明确标注为儿童化妆品；应避免与食品药品混淆，防止误食误用；生产销售儿童玩具，应防止被误用为儿童化妆品；另外，在儿童化妆品中非法添加可能危害人体健康的物质，属于情节严重的违法情形，将依法从严从重处罚。

《化妆品生产质量管理规范》规定了儿童护肤类化妆品［生产施用于儿童皮肤、口唇表面，以清洁、保护为目的的驻留类化妆品的（粉剂化妆品除外）］生产车间的环境要求，其半成品贮存、填充、灌装、清洁容器与器具贮存应当符合生产车间洁净区的要求，称量、配制、缓冲、更衣应当符合生产车间准洁净区的要求。

在此基础上，国家药监局专门制定发布了《儿童化妆品监督管理规定》，从原料安全、产品安全、功效宣称、生产经营等多个方面对儿童化妆品提出了特殊要求。同时，还公布了儿童化妆品标志"小金盾"，用于标注在儿童化妆品销售包装展示面，以提升儿童化妆品辨识度，保障消费者知情权。

（二）国际相关监管要求

美国FDA目前没有专门针对儿童化妆品的法规，仅要求儿童化妆品符合《联邦食品、药品和化妆品法》《合理包装及标签法》等法规要求。

在欧盟，儿童化妆品相关法规包括《欧盟化妆品法规1223/2009》《欧盟EC1272/2008标签包装分类管理法规》等，规定供3岁以下儿童使用的化妆品要经过特殊的安全评价，经过安全评价后通过化妆品电子信息提交系统备案。

在日本，儿童化妆品须符合《药事法》《药事法实施令》和实施规则等。

三、常见违法行为及安全风险

准确把握儿童化妆品潜在的安全风险，有助于提高监管的靶向性，以更好保障儿童用妆安全。目前，我国儿童化妆品主要存在以下违法问题和安全风险。

（一）非法添加

近年来，在儿童化妆品中非法添加激素、抗感染药物等危害儿童身体健康的恶性事件接连发生。含有非法添加成分的化妆品刺激性较强，儿童长期使用后，皮肤会受到损伤，甚至引起激素依赖性皮炎等严重后果。不法商家为了追求产品效果，罔顾婴幼儿和儿童的健康，在擅自向化妆品中添加非法成分的同时还对产品进行虚假宣传。

（二）假冒伪劣

市场上也出现了一些"消"字号产品冒充儿童化妆品，消费者难以辨别真伪。这些产品宣称去红疹、抗过敏，实则给儿童使用带来更大的安全风险。还有一些不法商家为逃避儿童化妆品较为严格的注册、备案要求，将产品伪装成玩具推向市场，打"擦边球"。这种现象多见于彩妆，所谓的儿童用口红、眼影、粉饼、指甲油等产品并非化妆品。还有商家生产标识"全家使用"的产品，暗示可用于儿童，实际未按照儿童化妆品申报，或者未严格按照儿童化妆品要求进行生产。这些现象均严重影响了儿童化妆品的使用安全。

（三）禁限用组分超标

1．重金属超标

近年来儿童化妆品监督抽检发现爽身粉类产品中重金属铅含量超标。爽身粉的主要成分是滑石粉，来源于天然产出的矿石再经机械加工而成，含有铅等重金属杂质。如在生产过程中不对这些高风险原料的关键指标进行监控，原料品质不过关便会引发最终产品重金属含量超标、含有石棉等质量问题。铅进入婴儿体内不能很快被排泄，长期在体内蓄积，就会危害神经系统、造血系统及消化系统，严重影响婴儿的智力和身体发育，而石棉为致癌物质。

2．防腐剂超标

儿童化妆品因对产品的安全性、稳定性等具有更高的要求，往往需要添加适量的防腐剂以抑制微生物的生长，其中苯氧乙醇和苯甲酸钠的使用频率较高。应严格控制防腐剂的使用浓度、使用范围和限制条件，并按照《化妆品安全技术规范》等法规要求标注警示用语，防止使用不当造成风险。儿童对个别组分比较敏感，如用水杨酸作为防腐剂或其他成分时，产品标签需标注"含水杨酸，三岁以下儿童勿用"。

3．防晒剂超标

目前我国批准的儿童特殊化妆品仅限防晒类产品，以保护皮肤免受特定紫外线所带来的伤害，所含的防晒剂应符合规定的限量和使用条件，使用量须经安全性评估证明对儿童是安全的。

4．其他禁用原料超标

监督抽检还检出爽身粉类产品中含有禁用原料硼酸和硼酸盐。硼酸、硼酸盐和四硼酸盐原为化妆品限用组分，因其具有生殖毒性且可被其他安全原料替代，目前已被纳入禁用目录。

（四）微生物超标

儿童化妆品微生物超标的原因可主要是在生产、包装、运输、贮存等环节发生了微生物污染。使用微生物超标或变质的化妆品会增加皮肤过敏的发生率，若含有致病菌还可能感染皮肤引发炎症。除了上述原因外，有些商家以不添加防腐剂为噱头推销儿童化妆品也是不可取的，化妆品中丰富的营养成分给微生物的繁殖创造了良好条件，在产品中不添加防腐剂或者添加不足，均会导致儿童化妆品的微生物超标，进而影响到儿童消费者的安全。因此，对儿童化妆品而言，既不能过量添加防腐剂，也不能不添加防腐剂，同时还要对防腐剂进行科学选择。

（五）标签标识问题

标签标识问题是儿童化妆品监督抽检中最为常见的一类问题。如检出批件及标签未标识的防晒剂；防晒剂成分检出结果超标或含量不足；未明示适用于儿童，但其产品和包装以图案或其他形式暗示为儿童化妆品，或误导消费者认为是儿童化妆品；儿童化妆品标签未标注适用于儿童等说明性用语及警示用语；根据产品限用日期和批件标示保质期推断生产日期与实际不符。

（六）误食风险

婴幼儿和儿童心智尚未成熟，好奇心强，有些化妆品企业出于吸引儿童使用的目的，故意生产具有芳香气味、外包装类似食物或者饮料的产品，易造成儿童误食，对胃肠道、肝、肾等功能产生不利影响。

（七）缺乏原料安全性相关信息

由于婴幼儿和儿童的皮肤具有容易受到刺激或损害的特点，儿童化妆品在配方设计、原料使用、安全评估方面需要更加谨慎周全。应当结合儿童生理特点评估所用原料，特别是香精、着色剂、防腐剂及表面活性剂等原料的科学性和必要性。有些化妆品生产企业对儿童化妆品安全评估不够重视，配方设计缺乏足够科学的数据支撑。例如：无法说明配方所用原料种类的必要性，不能提供配方中所用香精可能含有致敏性组分的含量检测证明，不能提供符合《化妆品安全技术规范》（2015年版）限量要求的着色剂质量规格文件，产品存在潜在的安全风险。

四、检查重点及方法

针对儿童化妆品的产品特点及常见安全风险，现场检查时，除了依据《化妆品生产质量管理规范检查要点及判定原则》的通用要求进行检查外，还要重点关注以下内容。

1. 检查企业化妆品生产许可证是否标注具备儿童护肤类化妆品生产条件。

2. 检查企业生产的儿童化妆品是否均经注册或备案。

3. 检查企业是否生产标识有暗示产品使用人群包含儿童但未按照儿童化妆品管理的其他产品。

4. 检查企业是否建立并执行检验管理制度，对需控制微生物指标的原料，是否按检验操作规程进行检验或确认，儿童化妆品中菌落总数限值是否符合《化妆品安全技术规范》。

5. 检查企业涉及儿童化妆品研发、生产的员工是否具备履行岗位职责的专业知识和化妆品相关的法律知识。

6. 检查企业是否存在擅自改变生产车间的功能区域划分等行为。

7. 检查企业用于生产儿童护肤类化妆品的半成品，其贮存、填充、灌装，清洁容器与器具贮存的生产车间环境是否符合洁净区的相关要求；是否能够提供有效的洁净区检测报告和环境监测记录。

8. 检查企业生产儿童护肤类化妆品的称量、配制、缓冲、更衣的生产车间环境是否符合准洁净区的相关要求。

9. 检查企业是否建立并执行物料供应商遴选制度，并对物料供应商进行审核和评价，儿童化妆品的关键原料是否经重点审核，儿童化妆使用的物料是否来自合格物料供应商名录。

10. 检查企业生产的儿童化妆品是否使用禁用原料、未经注册或者备案的新原料，非法添加可能危害人体健康的物质。

11. 检查企业是否超出使用范围、限制条件使用限用原料，重点关注香料、着色剂、防腐剂及表面活性剂。

12. 检查企业产品和物料是否按照规定条件进行贮存，尤其关注儿童化妆品配方中需控制微生物的物料。

13. 检查企业是否制定儿童化妆品相应的生产工艺规程和岗位操作规程，是否明确主要生产工艺参数及工艺过程的关键控制点。

14. 检查儿童化妆品的生产工艺规程是否与产品注册或备案资料载明的技术要求相一致。

15. 检查儿童化妆品销售包装展示面是否标注国家药监局规定的儿童化妆品标志；是否以"注意"或"警告"作为引导语，在销售包装可视面标注"应当在成人监护下使用"等警示语，对于限用组分有要求的，标签上是否标识使用条件和注意事项。

16. 检查儿童化妆品的性状、气味、外观形态等是否容易与玩具、食品、药品等产品相混淆。

17. 检查企业是否建立并执行不良反应监测制度，是否对收集或获知的儿童化妆品不良反应报告进行分析评价，并自查原因，采取相应的纠正预防措施。

18. 检查企业对退货、召回的儿童化妆品是否明确标识并进行及时的销毁处理。

五、企业常见问题及案例分析

（一）常见问题

1. 企业生产许可项目不包含儿童护肤类化妆品及相关化妆品单元，或擅自改变生产车间功能区域划分用于生产儿童化妆品。

2. 企业生产的儿童化妆品实际生产工艺规程与提交的注册或备案资料不一致。企业提供的生产工艺规程缺少主要生产工艺参数和关键控制点。

3. 企业无法提供产品的批生产记录、批记录不完整（如无生产指令、批号等信息）、批记录与入库记录不一致导致无法进行追溯等。

4. 企业无法提供产品的原始检验记录、内容有涂改导致不可信、缺少产品批号信息、未按照产品检验技术规范进行检验等。

5. 企业存在非法添加禁用物质、超标使用限用物质的情况。

6. 物料采购验收环节不能够严格执行供应商遴选制度、物料审查制度和物料验收规程。

7. 物料未严格按规定条件贮存，标签标识不清晰。

8. 企业生产车间环境不符合相关规定，洁净车间设计不合理，洁净区环境日常监控制度缺失或不能严格执行，缓冲间消毒设备不能正常使用等。

9. 企业生产不同品种、不同批次间的清场及设备清洁消毒不符合要求。生产设备未能及时清洁维护、缺少清洁维护记录、清场不彻底以及清洁标识缺少日期信息等。内包材消毒执行不到位。

10. 水处理系统设置不合理、水质监测不达标以及不同用途的生产用水管道缺少标识等。

11. 空气净化系统空调出风口滤网未及时清洁维护、未进行初中效压差监测等。

12. 企业未建立不良反应监测制度，未对不良反应报告进行跟踪处理及原因分析，未对引发不良反应的产品采取风险控制措施。

13. 产品未明示适用于儿童，但其包装以图案或以其他形式显示或暗示为儿童用化妆品，或儿童化妆品标签未标注适用于儿童等说明性用语及警示用语。

（二）案例分析

案例 某企业无儿童护肤类化妆品生产许可范围，在膏霜乳液单元的生产车间生产一种婴儿护肤霜。

讨论分析 该企业存在超许可范围生产的情况。《化妆品生产经营监督管理办法》第十六条明确要求"具备儿童护肤类、眼部护肤类化妆品生产条件的，应当在生产许可项目中特别标注"。《化妆品生产质量管理规范》对儿童护肤类化妆品的生产车间环境提出了具体要求。《儿童化妆品监督管理规定》第十条要求"儿童化妆品应当按照化妆品生产质量管理规范的要求生产，儿童护肤类化妆品生产车间的环境要求应当符合有关规定"。该企业未取得儿童护肤类生产许可生产儿童护肤类化妆品，属于《化妆品监督管理条例》第五十九条规定的严重违法行为。

六、思考题

1. 儿童化妆品与成人化妆品相比，监管要求有何差异？

2. 儿童化妆品常见的安全风险有哪些？

3. 在检查儿童化妆品过程中，应重点关注哪些内容？

（杨珂宇编写）

参考文献

［1］国家药品监督管理局.关于发布《儿童化妆品监督管理规定》的公告（2021年第123号）［EB/OL］.（2021-09-30）［2023-03-09］. https：//www.nmpa.gov.cn/xxgk/fgwj/xzhgfxwj/20211008171226187.html.

［2］谯英固.政经圆桌派|落实新规要求合力守护儿童用妆安全［N］. 中国医药报，2021-12-21（007）.

［3］国家药品监督管理局.关于发布《化妆品分类规则和分类目录》的公告（2021年　第49号）［EB/OL］.（2021-04-08）［2023-03-09］. https：//www.nmpa.gov.cn/xxgk/fgwj/xzhgfxwj/20210409160151122.html.

［4］徐良.浅谈对《儿童化妆品监督管理规定》的理解［C］//中国健康传媒集团，中国药品监督管理研究会.2021中国化妆品蓝皮书.北京：中国医药科技出版社，2021：80-84.

［5］李敏，陈宇宇，温文忠，等.儿童化妆品原料及其性能研究进展［J］. 精细与专用化学品.2014.22（9）：16-19.

［6］中华人民共和国国务院. 化妆品监督管理条例（中华人民共和国国务院令第727号）［EB/OL］.（2020-06-16）［2023-03-09］. https：//www.nmpa.gov.cn/xxgk/fgwj/flxzhfg/20200629190501801.html.

［7］国家药品监督管理局. 国家药监局关于发布《化妆品注册备案资料管理规定》的公告（2021年第32号）［EB/OL］.（2021-02-26）［2023-03-09］. https：//www.nmpa.gov.cn/xxgk/fgwj/xzhgfxwj/20210304140747119.html.

［8］国家药品监督管理局. 国家药监局关于发布《化妆品安全评估技术导则（2021年版）》的公告（2021年第51号）［EB/OL］.（2021-04-08）［2023-03-09］. https：//www.nmpa.gov.cn/xxgk/ggtg/qtggtg/20210409160436155.html.

［9］国家市场监督管理总局. 化妆品生产经营监督管理办法（国家市场监督管理总局令第46号）［EB/OL］.（2021-08-02）［2023-03-09］. https：//www.nmpa.gov.cn/xxgk/fgwj/bmgzh/20210806170256199.html.

［10］国家药品监督管理局. 国家药监局关于发布《化妆品标签管理办法》的公告（2021年第77号）［EB/OL］.（2021-05-31）［2023-03-09］. https：//www.nmpa.gov.cn/xxgk/ggtg/qtggtg/20210603171933181.html.

［11］国家药品监督管理局. 国家药监局关于发布《化妆品生产质量管理规范》的公告（2022年第1号）［EB/OL］.（2022-01-06）［2023-03-09］. https：//www.nmpa.gov.

cn/hzhp/hzhpfgwj/hzhpgzwj/20220107101645162.html.

［12］国家药品监督管理局. 国家药监局关于发布儿童化妆品标志的公告（2021年第143号）［EB/OL］.（2021-11-29）［2023-03-09］. https：//www.nmpa.gov.cn/hzhp/hzhpfgwj/hzhpgzwj/20211201170227187.html.

［13］国家食品药品监督管理总局. 国家食品药品监督管理总局关于发布化妆品安全技术规范（2015年版）的公告（2015年第268号）［EB/OL］.（2015-12-23）［2023-03-09］. https：//www.nmpa.gov.cn/hzhp/hzhpfgwj/hzhpgzwj/20151223120001986.html.

［14］中国食品药品检定研究院. 关于公开征求《儿童化妆品技术指导原则（征求意见稿）》意见的通知［EB/OL］.（2022-04-11）［2023-03-09］. https：//www.nifdc.org.cn//nifdc/xxgk/ggtzh/tongzhi/20220411116184660325.html.

［15］张铮.儿童化妆品相关发明专利申请及技术现状分析［J］. 广州化工.2022.50（18）：17-20.

［16］山水.为儿童化妆品加上一把安全锁——《儿童化妆品监督管理规定》重点条款讨论［EB/OL］.（2021-11-12）［2023-03-09］. http：//www.cnpharm.com/c/2021-11-12/808933.shtml.

［17］孙博洋.中消协：儿童化妆品不存在"食品级"家长选购应谨慎［EB/OL］.（2022-07-10）［2023-03-09］. http：//www.kepu.gov.cn/www/article/dtxw/6ac5d49093e543089a8c5bc3a367d725.

［18］陈坚生.爽身粉铅超标，又是滑石粉惹的祸!［EB/OL］.（2019-12-18）［2023-03-09］. http：//www.cnpharm.com/c/2019-12-18/696411.shtml.

［19］温文忠，蓝艺珺，赵华，等.儿童化妆品合规要求及国内市场防腐剂的使用状况［J］. 日用化学品科学.2020.43（10）：8-15.

［20］国家药品监督管理局. 国家药监局关于3批次检出禁用物质化妆品的通告（2020年　第20号）［EB/OL］.（2020-03-11）［2023-03-09］. https：//www.nmpa.gov.cn/xxgk/ggtg/qtggtg/hzhpcchjgg/hzhpcjgjj/20200317174401635.html.

［21］路勇，孙磊，邢书霞.适应行业现状 加强风险评估［N］. 中国医药报，2021-07-06（005）.

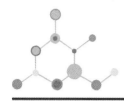

第七章

眼部化妆品检查技术指南

一、产品概述

（一）产品定义

眼部化妆品是用于眼周皮肤、睫毛、眉毛的化妆品。常见的眼部化妆品有眼霜、眼部精华液、眼部卸妆液、眼膜贴、眼影、睫毛膏、眼线笔，眉笔等。

（二）眼部结构特点

眼部肌肤是人体最薄的肌肤，厚度只有面部皮肤的1/5～1/3，几乎不含皮脂与汗腺，胶原蛋白和弹性纤维分布很少，缺少肌肉支撑，因此对眼部肌肤保护作用小，眼部肌肤自我保护能力相对较差。眼部缺少弹性纤维和胶原结构，较易失去弹性；眼部周围神经纤维及毛细管分布密度高，血液循环不畅易导致眼部疲劳。

眼部肌肤是人体活动量最大的部分，每天需要眨动1万多次，还要频繁参与微笑、皱眉等各种表情，加上受紫外线照射、长时间电脑辐射、生活作息不规律等因素影响，眼部肌肤很容易出现各种问题，如黑眼圈、眼纹、眼袋等，需要倍加注意并及时防护。为满足人类护理眼部和提升个人魅力的需求，眼部化妆品种类逐渐增多。

（三）作用机理

眼部护肤类化妆品可以保护眼周皮肤，防止与外界空气过多接触，有效保护皮肤延缓衰老。例如：眼霜，可以拉紧眼周肌肤，缓解皱纹、眼袋、黑眼圈；眼膜，眼膜中的营养成分，如小分子多肽、玻尿酸等与皮肤贴合更好，在阻隔空气情况下更好发挥效果，形成膜的保护，营养成分使皮肤吸收更快，效果更佳。

（四）生产工艺流程

在我国，眼部化妆品按照使用目的大致分为两大类：一类是以清洁、保护眼部肌肤为目的的眼霜、眼膜贴、眼部卸妆液等眼部护肤化妆品（以下简称眼部护肤类化妆品）；另一类是以美容修饰为目的的眼影、睫毛膏等眼部彩妆化妆品（以下简称眼部彩妆化妆品）。因其使用目的不同，两大类产品的成分和生产工艺存在较大差异，其生产工艺流程示意图见图7-1～图7-4。

1. 眼部护肤类化妆品

此类产品许可项目类型是属于一般液态单元或者膏霜乳液单元。

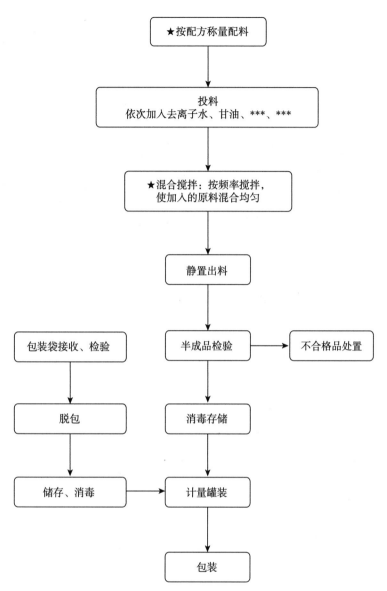

图7-1 一般液态单元生产工艺-眼贴膜

注：★表示关键工序点，图7-2~图7-4同。

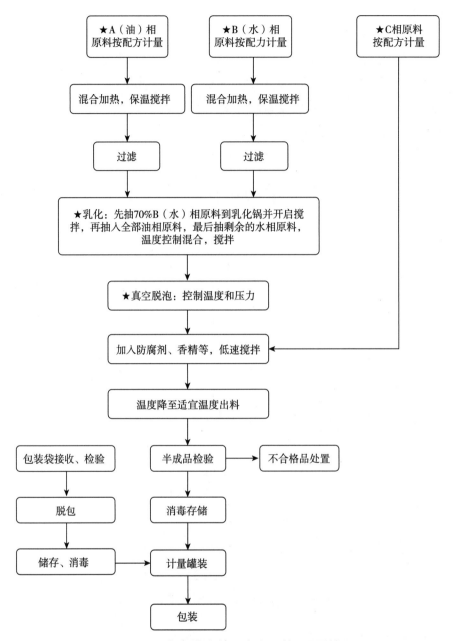

图7-2 膏霜乳液单元生产工艺-眼霜等

2．眼部彩妆类化妆品

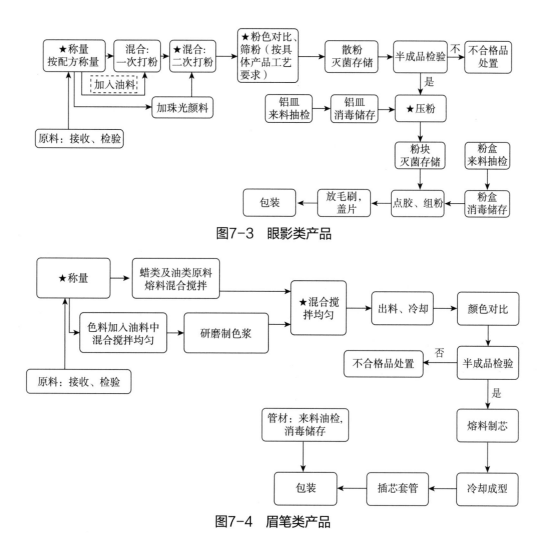

图7-3　眼影类产品

图7-4　眉笔类产品

二、国内外相关监管要求

（一）国内相关监管要求

因眼部化妆品用妆部位主要在眼周和眼睑周边，易与结膜和泪点接触，若其防腐体系不能有效抑制微生物的滋生，不慎入眼会造成急性结膜炎、真菌性角膜溃疡等多种眼部感染性疾病，严重可造成失明。我国针对眼部化妆品的要求和监管起步较早，2002年，原卫生部出台的《化妆品卫生规范》就提到了眼部化妆品，要求眼部化妆品的菌落总数不大于500CFU/ml或500CFU/g。2015年，原国家食品药品监督管理总局出台《化妆品安全技术规范》（2015年版）对眼部化妆品予以定义：即宣称用于眼周皮肤、睫毛部位的化妆品。2021年，国家药品监督管理局出台的《化妆品分类规则和分类目录》按照使用部位分类，进一步丰富了眼部化妆品的概念，将包含眼周皮肤、睫毛、眉毛的产品均归类为眼部化妆品，对眼部化妆品的监管也提出了更多的要求。

《化妆品生产经营监督管理办法》第十六条第二款规定具备眼部护肤类化妆品生产条件的，应当在生产许可项目中特别标注。《化妆品生产质量管理规范》附录2专门对眼部护肤类化妆品的生产环境提出了要求。

我国《化妆品安全技术规范》（2015年版）规定眼部化妆品菌落总数不得超过500CFU/g（或者CFU/ml），标准高于用于面部、躯干部位和手、足的化妆品。在限用原料中，硝酸银只能用于染睫毛和眉毛的产品；在准用防腐剂中限定沉积在二氧化钛上的氯化银不得用于眼部产品中；对于禁、限用原料等列表中的部分物质也做了专门规定和说明。

（二）国际相关监管要求

国际上，对眼部化妆品没有统一的规定和分类，对眼部化妆品定义也各有不同。

美国化妆品分类较为宽泛，美国FDA官网的化妆品产品分类编码中显示，依据功效宣传用语和预期用途等，将化妆品分为13个类别，其中眼妆产品和非眼部彩妆产品位列其中。眼妆产品涵盖了眼部眼影、睫毛膏的彩妆产品和护肤类的眼霜产品。

欧盟化妆品范围广，主要是四大类：皮肤使用类、头发或者头皮使用类、指甲和角质层使用类、口腔卫生使用类。眼部彩妆及眼部卸妆产品归到皮肤使用类产品中。

根据韩国《化妆品法施行规则》的相关规定，韩国化妆品的产品分为12

类，其中有眼部化妆品类。根据其提供的产品清单，眼部化妆品主要包括眉笔、眼线笔、眼影、睫毛膏、眼部卸妆液、其他眼部彩妆产品类等。日常保护为主的眼霜属于基础化妆品类。

日本眼部化妆品主要分化妆品和医药部外品两大类，其可宣称的功效有56种，其中未涉及眼部用化妆品的专门分类。

三、常见违法行为及安全风险

眼部化妆品种类繁多，主要存在微生物超标、非法添加禁用原料、超标使用限用原料、防腐剂滥用等风险，可能危害消费者健康。

我国眼部化妆品主要存在以下问题和安全风险。

（一）非法添加

近年来，国内外市场上促进睫毛生长的产品大量增多，这类产品可能含有前列腺素或者前列腺素类似物，对消费者造成潜在安全风险。前列腺素及其类似物具有很强的药理活性，在极低的浓度下会对人体产生潜在影响，长期或者不当使用会产生眼睛刺激、眼睑黑色素沉着、结膜充血、虹膜色素沉着等不良反应，过量使用还会导致视力下降。前列腺素及其类似物均未收录于我国和欧盟的已使用化妆品原料目录中，国家药监局也未注册或者备案任何"前列腺素"相关的化妆品原料。性激素具有快速促进毛发生长、丰乳、美白、除皱和增加皮肤弹性等功能，有可能被添加到眼部化妆品中。长期使用含性激素的化妆品会导致皮肤色素沉积，产生黑斑、皮肤层变薄等副作用，甚至有致癌风险。

近年的风险监测中，眼部化妆品有检出硼酸和硼酸盐、丙烯酰胺等禁用原料的情况。眼部化妆品中的硼酸或者硼酸盐可能是经原料引入的，这些原料可能为一氮化硼、矿物原料、玉米淀粉和植物提取物等，其中矿物原料主要有云母、合成氟金云母、硅石、滑石粉、高岭土。丙烯酰胺除了由配方中的辅料聚丙烯酰胺的残留单体引入，也可能由其他原料引入，或者在生产过程中产生。

（二）微生物超标

按照《化妆品安全技术规范》（2015年版）对眼部化妆品的微生物指标限值的要求（表7-1），近几年对于此类产品仅发现菌落总数不合格，未检出致病菌。对于《化妆品安全技术规范》（2015年版）中未收录的致病菌，如链球菌，由于可能引起结膜炎等眼部疾病，可作为风险项目进行检测。

表 7-1　眼部化妆品中微生物控制指标限值

微生物指标	限值
菌落总数（CFU/g或者CFU/ml）	≤500
霉菌和酵母菌总数（CFU/g或者CFU/ml）	≤100
耐热大肠菌群/g（或者ml）	不得检出
金黄色葡萄球菌/g（或者ml）	不得检出
铜绿假单胞菌/g（或者ml）	不得检出

（三）组分超标

1．金属元素超标

眼部化妆品存在金属元素超标的可能性，眼部化妆品对于汞的含量要求较普通化妆品更严格。《化妆品安全技术规范》（2015年版）规定，普通化妆品汞的限值是1mg/kg（表7-2）。在限用原料列表里，眼部化妆品的含汞防腐剂的最大允许使用浓度都是0.007%（表7-3）。

表 7-2　眼部化妆品有害物质限值

有害物质	限值（mg/kg）	备注
汞	1	含有机汞防腐剂的眼部化妆品除外[#]
铅	10	
砷	2	

续表

有害物质	限值（mg/kg）	备注
镉	5	
甲醇	2000	
二噁烷	30	
石棉	不得检出*	

注：#苯汞的盐类，包括硼酸苯汞，限值为：总量0.007%（以Hg计），如果同本规范中其他汞化合物混合，Hg的最大浓度仍为0.007%。

*在《化妆品安全技术规范》（2015年版）中对应的检测方法检出限下不得检出。

表7-3　对眼部化妆品有特殊要求的准用防腐剂
（按INCI名称英文字母顺序排列）

序号	物质名称			化妆品使用时的最大允许浓度	使用范围和限制条件	标签上必须标印的使用条件和注意事项
	中文名称	英文名称	INCI名称			
5	苯扎氯铵，苯扎溴铵，苯扎糖精铵	Benzalkonium chloride, bromide and saccharinate	Benzalkonium chloride, bromide and saccharinate	总量0.1%（以苯扎氯铵计）		避免接触眼睛
43	苯汞的盐类（包括硼酸苯汞）	Phenylmercuric salts（including borate）		总量0.007%（以Hg计），如果同本规范中其他汞化合物混合，Hg的最大浓度仍为0.007%	眼部化妆品	含苯汞化合物
47	硫柳汞	Thiomersal（INN）	Thimerosal	总量0.007%（以Hg计），如果同本规范中其他汞化合物混合，Hg的最大浓度仍为0.007%	眼部化妆品	含硫柳汞

2．防腐剂相关的问题

近年的风险监测中，未发现眼部化妆品存在防腐剂超标的问题。由于眼部化妆品的货架期较短，某些所谓的"全天然"产品可能包含有助于微生物生长的植物源性物质，此类含有所谓的"非传统防腐剂"或者不含防腐剂的产品存在微生物污染的风险。根据《化妆品安全技术规范》（2015年版），对眼部化妆品有特殊要求的防腐剂见表7-3。此外，我国对防腐剂的限量要求仅限于某个防腐剂或某类防腐剂的限量，并未作出不同品类防腐剂综合使用值的限量要求，存在防腐剂滥用风险。

3．着色剂超标

我国化妆品禁限用原料检测判定主要依据为《化妆品安全技术规范》（2015年版），溶剂黄44等二十余项着色剂列入化妆品禁用原料表中，157项准用着色剂中仅部分准用于各种化妆品，大部分着色剂有相应的限定范围，其中《化妆品安全技术规范》（2015年版）中禁止用于眼部化妆品的准用着色剂见表7-4。近年来的风险监测中，发现部分眼部化妆品检出颜料红57、酸性红87、酸性红92、食品红1等着色剂，这些着色剂在美国禁用于眼部化妆品，但按照《化妆品安全技术规范》（2015年版）可以用于眼部化妆品。

表 7-4　禁止用于眼部化妆品的准用着色剂

序号	着色剂索引号（Color Index）	着色剂索引通用名（C.I. generic name）	颜色	着色剂索引通用中文名	使用范围				其他限制和要求
					1 各种化妆品	2 除眼部化妆品之外的其他化妆品	3 专用于不与黏膜接触的化妆品	4 专用于仅和皮肤暂时接触的化妆品	
3	CI 10316	ACID YELLOW 1	黄	酸性黄1		+			1-萘酚（1-Naphthol）不超过0.2%；2,4-二硝基-1-萘酚（2,4-Dinitro-1-naphthol）不超过0.03%
21	CI 15510	ACID ORANGE 7	橙	酸性橙7		+			2-萘酚（2-Naphthol）不超过0.4%；磺胺酸钠（Sulfanilic acid, sodium salt）不超过0.2%；4,4'-（二偶氮氨基）-二苯磺酸（4,4'-（Diazoamino）-dibenzenesulfonic acid）不超过0.1%

续表

序号	着色剂索引号 (Color Index)	着色剂索引通用名 (C.I. generic name)	颜色	着色剂索引通用中文名	使用范围				其他限制和要求
					1 各种化妆品	2 除眼部化妆品之外的其他化妆品	3 专用于不与黏膜接触的化妆品	4 专用于仅和皮肤暂时接触的化妆品	
77	CI 45405	ACID RED 98	红	酸性红98		+			2-（6-羟基-3-氧-3H-占吨-9-基）苯甲酸（2-（6-Hydroxy-3- oxo-3H-xanthen-9-yl）benzoic acid）不超过1%；2-（溴-6-羟基-3-氧-3H-占吨-9-基）苯甲酸（2-（Bromo-6- hydroxy-3-oxo-3H-xanthen-9-yl）benzoic acid）不超过2%
107	CI 74260	PIGMENT GREEN 7	绿	颜料绿7		+			禁用于染发产品
156		SORGHUM RED	咖啡	高粱红		+			

（四）非法宣传

网络销售平台非法宣传行为比较普遍，如睫毛生长液，只是普通化妆品，但部分网络平台存在过分夸大功效，误导消费者认为其具有增长睫毛功效的行为。

四、检查重点及方法

眼部化妆品品类繁多，工艺复杂，既有特殊化妆品，也有普通化妆品；既有以保护为目的的护肤产品，也有以美容修饰为目的的彩妆产品。根据眼部化妆品的产品多样性，现场检查时除了依据《化妆品生产质量管理规范检查要点及判断原则》外，重点关注以下内容：

（一）特殊化妆品

参照祛斑美白类化妆品重点检查内容。

（二）普通化妆品

1. 检查企业生产的眼部化妆品是否均经备案，生产许可项目是否包含相关产品的单元类别，施用于眼部皮肤表面，以清洁、保护为目的的驻留类化妆品（粉剂化妆品除外）所属单元是否具备眼部护肤类化妆品生产条件。

2. 检查企业物料、产品标准是否符合相关法律法规、强制性国家标准、技术规范的要求，检验方法是否符合或者经验证可满足《化妆品安全技术规范》（2015年版）等相关技术规范要求。

3. 检查企业是否制定物料验收、产品检验规程。

4. 检查企业对需控制微生物指标的原料，是否按规程进行入厂检验或者确认；眼部化妆品中菌落总数限值要求是否符合《化妆品安全技术规范》（2015年版）规定的眼部化妆品菌落总数指标。

5. 检查企业是否具备微生物检验能力，是否配备有与产品类别相适应的检验人员、检验设施、设备和仪器。

6. 检查企业生产眼部护肤类化妆品的半成品贮存、灌装、清洁容器与器具贮存等区域的环境是否符合洁净区的相关要求；是否能够提供有效的洁净区检测报告或者环境检测记录。

7. 检查企业生产眼部化妆品的生产设备及器具是否在清洁消毒有效期限内。

8. 检查空气净化系统和水处理系统清洁、消毒、运行、维护情况及记录。

9. 检查企业是否建立物料管理制度，物料是否均从合格供应商处购入。

10. 检查企业是否使用含汞化合物原料，是否存在使用禁用原料、未经批准的新原料或者超出使用范围、限制条件使用限用原料的行为。

11. 检查企业是否存在使用超过使用期限、废弃、回收的化妆品或者化妆品原料的行为。

12. 检查是否制定标签、说明书管理制度或者规程；产品功效宣称等内容是否符合国家相关法规要求。

13. 检查企业是否通过方法验证半成品贮存期限，按条件进行贮存，并在贮存期限内使用。

14. 检查企业产品和物料是否按照规定条件进行贮存，尤其关注需控制微生物的物料。

15. 检查企业是否及时对不合格品进行了标识与处理，避免混淆。

16. 检查企业生产的眼部化妆品的生产工艺、操作规程、生产记录是否与产品备案资料载明的技术要求相一致。

17. 检查企业是否制定有相应的生产工艺规程，是否明确主要生产工艺参数及关键控制点。

18. 检查企业内包材是否经过清洁消毒，如为供应商提供的已清洁消毒的内包材，是否对其卫生符合性进行确认，是否能提供资料证实产品的符合性；如为企业自身对内包材进行清洁消毒的，查看内包材清洁消毒制度、内包材清洁消毒验证制度及执行情况。

19. 检查企业是否建立批生产检验记录，批生产检验记录是否能追溯到整个生产过程。

20. 检查企业是否建立并执行清洁消毒制度，是否在批生产后或者更换生产品种前及时清场并记录。

五、企业常见问题及案例分析

（一）常见问题

1. 企业生产许可项目不包含眼部护肤类化妆品及相关化妆品单元类别，或者擅自改变生产车间功能区域划分用于眼部化妆品生产。

2. 企业生产车间环境不符合《化妆品生产质量管理规范》要求，洁净车间设计不合理，洁净区环境日常监控制度缺失或者不严格执行，缓冲间消毒设备不能正常使用等。

3. 企业生产的眼部化妆品实际生产工艺规程与提交的注册或者备案资料载明的技术要求不一致。

4. 存在非法添加禁用原料、超出使用范围、限制条件使用限用原料的情况。

5. 企业无法提供产品的批生产记录、批记录不完整（如无生产指令、批号等信息）、批记录与入库记录不一致导致无法进行追溯等。

6. 企业无法提供产品的原始检验记录、内容有涂改导致不可信、缺少产品批号信息、未按照产品检验技术规范进行检验、缺少使用仪器以及无复核人签字等。

7. 物料采购验收环节不能够严格执行供应商遴选制度、物料审查制度和物料验收规程。

8. 物料未严格按规定条件贮存，标签不清晰。

9. 企业生产不同品种、不同批次间的清场及设备清洁消毒不符合要求。生产设备未能及时清洁维护、缺少清洁维护记录、清场不彻底以及清洁标识缺少日期信息等。内包材消毒执行不到位。

10. 水处理系统设置不合理、水质监测不达标以及不同用途的生产用水管道缺少标识等。

11. 空气净化系统空调出风口滤网未及时清洁维护、未进行初中效压差监测等。

12. 企业未建立不良反应监测制度，未对不良反应报告和产品采取风险控制措施。

（二）案例分析

案例 在对某企业进行现场检查时，发现该企业成品仓库的货架上，有标识为"睫毛生长液"的产品，但没有数量、出入库等其他任何标识信息。查看产品实物标签，发现该产品备案号为*G妆网备字2020*******，品名为***睫毛打底膏。在该企业生产车间的半成品仓库也发现多桶标识名为"生长液"的半成品，没有其他标签，原料仓库原料只有原料代码，无其他标识，企业提供的代码与原料对照表，无原料标准中文名称。

讨论分析 （1）该企业产品追溯性差，半成品到成品、成品到销售链条不完整，现场缺少批号等关键追溯信息，无法做到有效追溯。（2）仓储管理混乱，对原料、成品管理不规范，缺少原料和产品有效期、出入库使用记录等与产品安全直接相关的安全信息；仓管人员对仓库的验收和管理执行均不到位。原料管理存在较大安全隐患，因只有原料代码及原料俗名，未做到对禁用原料的有效识别。（3）企业存在夸大宣传的安全隐患，企业从生产半成品到产品都用简单的生长液标签代替，在对外销售时存在夸大宣传的可能。

六、思考题

1. 眼部用化妆品的生产许可项目有哪些？对应生产工艺如何？

2. 眼部用化妆品的生产企业可能在质量管理体系运行中出现哪些问题？

3. 眼部用化妆品检查中需要重点关注的内容有哪些？

（贾娜编写）

参考文献

［1］国家食品药品监督管理总局. 国家食品药品监督管理总局关于发布化妆品安全技术规范（2015年版）的公告（2015年第268号）［EB/OL］.（2015-12-23）［2023-03-09］. https：//www.nmpa.gov.cn/hzhp/hzhpfgwj/hzhpgzwj/20151223120001986.html.

［2］贺丹英. 化妆品监管实务［M］. 北京：人民卫生出版社，2018.

［3］国家质检总局进出口食品安全局，国家质检总局标准法规中心. 韩国化妆品法规［M］. 北京：中国质检出版社，中国标准出版社，2013.

第八章

唇部化妆品检查技术指南

一、产品概述

（一）产品定义

唇部化妆品是以油、脂、蜡、色素等为主要成分复配而成、宣称用于口唇部位的产品。常见的唇部化妆品有润唇膏、口红、唇釉、唇彩、唇线笔等。

按照产品剂型分类，唇部化妆品多属于蜡基单元类产品以及液态类产品。通过使用唇膏能够起到滋润口唇、防止干裂的作用；而通过使用口红、唇釉等产品能够起到帮助修饰唇色、唇形、提气色的作用。

（二）唇部结构特点

唇部及唇周区域是人体面部活动最大的组织结构，且在面部美容方面占有主要作用。受人们日常咀嚼、情绪变化、不良生活习惯等方面影响，均可加剧唇部衰老，主要表现为口周皱纹产生、唇部组织量减少及口角下降、口唇轮廓线模糊消失等。嘴唇角质层非常薄，大概只有正常皮肤角质层的1/3，所以比较敏感脆弱，也极易受到外部环境和气候的影响。另外，唇部肌肤没有皮脂腺和汗腺，油脂分泌较少，无法滋润唇部，加上秋冬季气候干燥，唇部就更容易干燥、起皮等。一方面，干燥起皮的嘴唇让人很不舒服；另一方面，影响个人的面容和气质，这也是唇部化妆品受欢迎的原因之一。

（三）产品作用机理

唇膏主要由油、脂、蜡类等原料组成，涂于嘴唇可以形成均匀的薄膜，锁住嘴唇水分，从而使嘴唇保持柔嫩有光泽。含有透明质酸钠、神经酰胺、角鲨烷等成分的唇膏，在保湿的同时，还有助于修护皮肤屏障；含有蓖麻油、霍霍巴油、凡士林等封闭剂的唇膏，可以有效锁住水分，让嘴唇更加柔嫩；含有尿囊素、维生素E等保湿修护成分的唇膏，可以缓解嘴唇干裂起皮。口红、唇釉、唇彩的使用除了保持嘴唇水分，还能够修饰嘴唇颜色从而达到改善面容和提升气色的作用。

（四）常用功效成分

唇膏的基质主要是由油、脂、蜡类原料组成，是唇膏的骨架。基质除了要具有对染料的溶解性外，还需要具有一定的触变性、柔软性，能方便地涂于嘴唇并形成均匀的薄膜，能使嘴唇柔润有光泽，但又不能过分油腻，同时膏体应经得起冬季和夏季温度的变化，保持夏天不融化，冬天不干硬。为了达到这些要求，必须选用合适的油、脂、蜡类原料。常用的油脂原料有蓖麻油、脂肪醇类、单硬脂酸甘油酯、高级脂肪酸酯类、巴西棕榈蜡、地蜡、液状石蜡、无水羊毛脂、鲸蜡等。

另外，色素是口红中非常重要的成分。唇膏用色素分为两类，一类是溶解性染料，另一类是不溶性染料。最常用的溶解性染料是溴酸红染料，该染料不溶于水，能溶于油脂，容易上色并使色泽持久。不溶性染料主要是色淀，是极细的固体粉粒，经搅拌研磨和唇膏基质混匀，使唇膏色彩艳丽，且具有较好的遮盖力。但是该颜料附着力不好，多与溴酸红染料等溶解性染料一起使用。常见的色淀颜料有铝、钡、钙、钠、锶等的色淀，以及炭黑、云母等。其他颜料有二氧化钛、硬脂酸锌、硬脂酸镁以及合成珠光颜料等。

（五）生产工艺流程

唇部化妆品多属于蜡基单元类产品，如唇膏、唇线笔等。唇膏类产品和唇线笔的生产工艺流程分别如图8-1和图8-2所示。

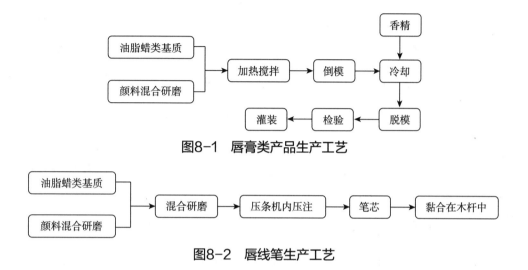

图8-1　唇膏类产品生产工艺

图8-2　唇线笔生产工艺

二、国内外相关监管要求

（一）国内相关监管要求

根据《化妆品监督管理条例》中的规定，唇部化妆品一般属于普通化妆品，上市销售前备案人向所在地省、自治区、直辖市人民政府药品监督管理部门备案即可。

（二）国际相关监管要求

国际上对唇部化妆品均没有特殊的要求。美国FDA比较关注唇部化妆品含铅限量，最近专门发布了一项对唇部化妆品和外用化妆品的工业指南征求意见稿。

三、常见违法行为及安全风险

由于口红中使用的颜料含有铅，或制造口红的其他原材料成分如氧化锌或二氧化钛等含有杂质铅，口红中往往会含有微量重金属铅。唇部化妆品直接涂抹于口唇部位，在使用过程中极易通过吞咽摄入体内，长期摄入含有重金属的口红可能导致慢性重金属中毒，引起贫血、腹痛、急性肾衰竭及脑部神经病变等问题，重金属暴露风险增加是长期使用口红的主要危害。有研究显示，口红使用量的增加会显著增加女性的重金属暴露风险。此外，由于口红中含有羊毛脂，使用口红还容易引起过敏反应。儿童用唇膏一般做的小巧精致，甚至商家还会声称"可食用"来宣传产品，儿童唇膏被误食的风险较高。

唇部化妆品种类繁多，尤其是口红、唇釉等在女性人群中使用广泛且频繁，需要更加密切关注其可能存在的健康危害和风险。该类化妆品可能存在的常见问题有微生物超标、重金属超标、使用禁用着色剂等。我国《化妆品安全技术规范》（2015年版）对唇部化妆品的微生物含量、禁限用原料等均作了规定和说明。目前，我国唇部化妆品中主要存在以下安全风险。

（一）微生物超标

我国《化妆品安全技术规范》（2015年版）中规定唇部化妆品中菌落总数不得超过500CFU/g（或者CFU/ml），霉菌和酵母菌总数不得大于100CFU/g（或者CFU/ml）。一些不良商家在生产制备或运输过程中没有严格遵守操作规程，可能导致唇部化妆品中微生物超标，涂了这些微生物超标的产品很有可能导致消费者出现感染、过敏等问题。

（二）重金属超标

由于口红、唇釉等产品需要用到一些不同颜色的颜料和防腐剂，而颜料以及某些防腐剂中可能会有重金属残留，为了增加产品的亮度，口红中通常会添加天然矿物云母。云母通常含有铅、锰、铬、铝等金属，而且口红颜色越深，金属含量就越高。如果厂家采用不合格的劣质原料，没有进行风险控制，就极有可能造成重金属（尤其是铅）超标。我国《化妆品安全技术规范》（2015年版）对化妆品中重金属等有害物质的限值也作出了相应的规定，详见表7-2。

（三）使用禁用着色剂

为了调制出不同色号的口红类产品，着色剂是生产该类产品不可或缺的原料。我国《化妆品安全技术规范》（2015年版）中列出的化妆品准用着色剂共有157种。其中有18种仅限于用于不与黏膜接触的化妆品（表8-1）。但有些企业仍然采用了准用清单之外的着色剂，例如颜料红53、酸性紫49、溶剂红49，或者使用了仅限于不与黏膜接触化妆品使用的着色剂，例如食品红10、溶剂红3等，因此导致唇部化妆品使用者的风险。

表 8-1　专用于不与黏膜接触的化妆品着色剂

序号	着色剂索引号 （Color Index）	着色剂索引通用名 （C.I. generic name）	颜色	着色剂索引 通用中文名
1	CI 10020	ACID GREEN 1	绿	酸性绿1
2	CI 11680	FOOD YELLOW 1	黄	食品黄1
3	CI 11710	PIGMENT YELLOW 3	黄	颜料黄3
4	CI 12010	SOLVENT RED 3	红	溶剂红3
5	CI 15800	PIGMENT RED 64	红	颜料红64
6	CI 16230	ACID ORANGE 10	橙	酸性橙10
7	CI 18050	FOOD RED 10	红	食品红10
8	CI 21230	SOLVENT YELLOW 29	黄	溶剂黄29
9	CI 42045	ACID BLUE 1	蓝	酸性蓝1
10	CI 42510	BASIC VIOLET 14	紫	碱性紫14
11	CI 42735	ACID BLUE 104	蓝	酸性蓝104
12	CI 44045	BASIC BLUE 26	蓝	碱性蓝26
13	CI 47000	SOLVENT YELLOW 33	黄	溶剂黄33

序号	着色剂索引号 （Color Index）	着色剂索引通用名 （C.I. generic name）	颜色	着色剂索引 通用中文名
14	CI 50420	ACID BLACK 2	黑	酸性黑2
15	CI 59040	SOLVENT GREEN 7	绿	溶剂绿7
16	CI 60730	ACID VIOLET 43	紫	酸性紫43
17	CI 71105	VAT ORANGE 7	橙	还原橙7
18		ACID RED 195	红	酸性红195

四、检查重点及方法

根据唇部化妆品的产品特点和风险点，现场检查时，除了依据《化妆品生产质量管理规范检查要点及判定原则》的通用要求进行检查外，需重点关注如下内容：

1. 检查企业生产的唇部化妆品是否均经备案，其标签等信息是否与备案资料载明的技术要求一致；企业的生产许可项目是否包含相关产品的单元类别。

2. 检查企业物料、产品标准是否符合相关法律法规、强制性国家标准、技术规范等要求，检验方法是否符合或者经验证可满足《化妆品安全技术规范》（2015年版）等相关技术规范要求。

3. 检查企业是否建立并执行检验管理制度，并留存检验原始记录，记录是否真实、完整、可追溯；检验报告基本信息是否与原始记录一致；尤其需要对重金属的检测进行重点关注。

4. 检查企业生产时所用的生产设备及器具是否在清洁消毒有效期限内。

5. 检查企业是否建立并执行物料供应商遴选制度，并对物料供应商进行审核和评价，使用的物料是否来自合格物料供应商名录；检查企业原料如色素类是否从合格供应商处采购，并留存采购凭证等票证文件以及质量安全相关信息。

6. 检查企业生产的唇部化妆品是否使用禁用原料、未经注册或者备案的新原料；检查企业是否存在超出使用范围、限制条件使用限用原料的行为。

7. 检查企业物料管理台账及仓储现场，物料采购、验收及出入库记录是否与批生产记录一致。

8. 检查企业生产的唇部化妆品是否制定生产工艺规程和岗位操作规程，并明确主要生产工艺参数及关键控制点；生产工艺规程是否与备案资料载明的技术要求一致。

9. 检查企业实际生产过程中是否形成批生产记录，实际生产过程是否与生产工艺规程一致。

10. 检查企业实际生产记录中的产品配方与备案资料、标签三者是否一致。

11. 检查企业是否建立半成品使用期限管理制度，按条件进行贮存，设定的半成品使用期限是否有充分依据。

12. 检查企业是否建立并执行化妆品不良反应监测制度，收集不良反应信息，并及时调查分析不良反应发生原因，采取风险控制措施。

五、企业常见问题及案例分析

(一)常见问题

1. 企业生产许可项目不包含唇部化妆品的蜡基单元及相关化妆品单元类别,或者擅自改变生产车间功能区域划分用于生产唇部化妆品。

2. 企业生产的唇部化妆品实际生产工艺规程与备案资料不一致;企业提供的生产工艺规程缺少主要生产工艺参数和关键控制点。

3. 企业无法提供产品的批生产记录、批记录不完整(如无生产指令、批号等信息)、批记录与入库记录不一致导致无法进行追溯等。

4. 企业无法提供产品的原始检验记录、内容有涂改导致不可信、缺少产品批号信息、未按照产品检验技术规范进行检验、缺少使用仪器以及无复核人签字等。

5. 企业存在非法添加禁用原料、超标使用限用原料的情况。

6. 物料采购验收环节未严格执行供应商遴选制度、物料审查制度和物料验收规程;未密切关注原料中重金属含量的检验检测。

7. 产品留样数量、条件等不符合要求。

8. 企业生产车间环境不符合相关规定,洁净车间设计不合理,洁净区环境日常监控制度缺失或者不能严格执行,缓冲间消毒设备不能正常使用等。

9. 企业生产设备未能及时清洁维护、缺少清洁维护记录、清场不彻底以及清洁标识缺少日期信息,内包材消毒执行不到位等。

10. 企业未建立不良反应监测制度,未对不良反应报告和产品采取风险控制措施。

（二）案例分析

案例 在对一家企业进行唇部化妆品不良反应相关的检查时，发现该企业用于生产唇部化妆品的半成品与其他多种原料等一起随意堆放在原料库中，且标签信息不全；企业不能提供合格物料供应商的遴选、审核评价记录，对物料进行验收时，没有确认供应商的检验能力和COA的可靠性；企业提供的产品检验记录表格简单，且没有复核人签字。

讨论分析 该企业将标签信息不全的外购半成品与其他原料堆放在一起，说明企业对原料库房管理不到位。原料堆放且标签信息不全，会导致原料混淆或者差错。企业没有建立并执行合格供应商遴选制度，也不能确认供应商的检验能力和COA的可靠性，会导致不能对原料存在的安全风险做出正确判断，尤其是生产唇部化妆品的原料中重金属残留风险。企业的产品检验记录简单，且没有复核人签字，说明企业的检验记录内容不完整，不规范。以上问题说明企业质量安全意识淡薄，在发生质量安全问题时难以分析查找问题发生的原因。

六、思考题

1. 唇部化妆品检查中应该重点关注哪些环节？
2. 唇部化妆品的安全风险有哪些？

（王春兰编写）

参考文献

［1］贾雪婷，岳章，李晶晶，等.基于皮肤3D快速成像技术对唇部和唇周皮肤衰老分析［J］.日用化学工业，2022，52（07）：750-755.

［2］杨希川.冬季护唇小妙方［J］.健康博览，2021（01）：44-45.

［3］王培义.化妆品——原理·配方·生产工艺［M］.北京：化学工业出版社，2013：160-163.

［4］裘炳毅，高志红.现代化妆品科学与技术（下册）［M］.北京：中国轻工业出版社，2021：1840-1841.

［5］FDA. Lead in Cosmetic Lip Products and Externally Applied Co-smetics: Recommended Maximum Level Guidance for Industry Dra-ft Guidance［R］. https://www.fda.gov/media/99866/download. Decemb-er 2016.

［6］蒋金杏，虞素飞，姚垚.女性在口红使用过程中的重金属暴露风险评价［J］.广东化工，2021，48（16）：253-255.

［7］周珏，封梅，莫艳梅，等.口红中重金属的检测及安全性讨论［J］.日用化学品科学，2021，44（07）：62-65.

［8］黄传峰，林思静，董亚蕾，等.口红类化妆品中颜料红53等11种禁用着色剂的使用情况［J］.香料香精化妆品，2022（02）：54-56.

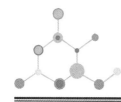

第九章

彩妆类化妆品检查技术指南

一、产品概述

（一）产品定义

彩妆类化妆品是通常施用于面部、眼部、口唇、指甲等部位，赋予其色彩，修整肤色或加强眼、鼻部位的阴影，或用于遮盖雀斑、伤痕和痣等皮肤瑕疵的一类化妆品。

按照施用部位可分为面部彩妆，如粉底液、腮红；眼部彩妆，如眼影、眼线笔；唇部彩妆，如口红；指甲彩妆，如指甲油。按产品单元一般可分为膏霜乳液单元、粉单元、蜡基单元、有机溶剂单元等。

（二）主要作用机理

彩妆类化妆品主要通过粉质原料、着色剂暂时遮盖皮肤瑕疵，增加面部的立体感，赋予皮肤（指甲）色彩，塑造精致外表。

（三）常用原料

彩妆类化妆品主要由粉质、油脂/蜡、着色剂三大类原料组成。

粉质原料是粉类化妆品的基本组分，一般是不溶于水的无机粉料，如滑石粉、高岭土、氧化锌、二氧化钛、云母、二氧化硅、高岭土等。油脂/蜡类原料是唇部化妆品的基本组分，各种油脂/蜡类原料使用于唇部化妆品中使其具有不同的特性，如黏着性、成膜性、对染料的溶解性以及硬度、熔点等。常见用的油脂/蜡类有蓖麻油类、羊毛脂类、鲸蜡和鲸蜡醇类、肉豆蔻酸异丙酯、小烛树蜡、地蜡、蜂蜡、矿脂等。

彩妆类化妆品中较常用的一大类原料是着色剂，着色剂分为有机合成色素（及其色淀），如CI 45380、CI 42090、CI 15850、CI 19140；无机颜料，如CI 77491、CI 77492、CI 77499、CI 77266；天然色素，如CI 75470（胭脂红）、CI 75130（天然黄26）；珠光颜料，是由着色剂包覆云母或其他载体构成，常见的着色剂为CI 77491、CI 77891以及有机色素，常用的载体有云母、合成氟金云母。

此外，指甲彩妆类化妆品种还存在溶剂，如异丙醇、乙酸乙酯、乙酸丁酯；成膜剂，如己二酸/新戊二醇/偏苯三酸酐共聚物、苯乙烯/丙烯酸（酯）类共聚物。

（四）生产工艺流程

眼部彩妆类、唇部彩妆类化妆品生产工艺分别见本书"第七章眼部化妆品检查技术指南"和"第八章唇部化妆品检查技术指南"中生产工艺流程部分。

按照化妆品生产工艺、成品状态和用途等划分，面部彩妆可分为膏霜乳液单元和粉单元，指甲彩妆一般为有机溶剂单元。生产工艺流程见图9-1～图9-3。

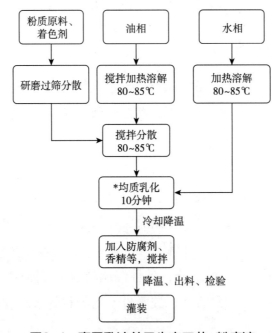

图9-1 膏霜乳液单元生产工艺-粉底液

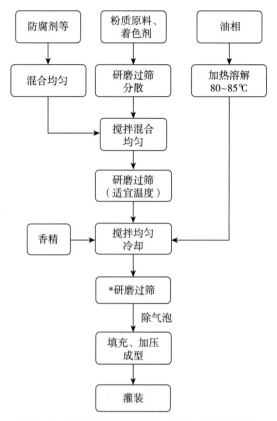

图9-2 粉单元生产工艺-腮红（块状粉）

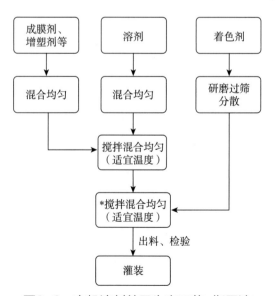

图9-3 有机溶剂单元生产工艺-指甲油

二、国内外相关监管要求

（一）国内相关监管要求

彩妆类化妆品一般为普通化妆品，根据《化妆品监督管理条例》规定，对普通化妆品实行备案管理。国产彩妆类化妆品应当在上市销售前向备案人所在地省、自治区、直辖市人民政府药品监督管理部门备案。进口彩妆类化妆品应当在进口前向国家药品监督管理局备案。

《化妆品注册和备案检验工作规范》中明确彩妆类化妆品在备案前应进行多次皮肤刺激性试验，其中眼部彩妆类化妆品还应进行急性眼刺激性试验。相较于其他化妆品，眼部化妆品、口唇化妆品和儿童化妆品菌落总数的限值更低，即施用于眼部、口唇的彩妆类化妆品应满足菌落总数（CFU/g 或 CFU/ml）≤500的要求。

在生产管理方面，彩妆类化妆品生产企业与其他类化妆品生产企业一样，在从事生产活动前，需向监管部门提出申请，对符合规定条件的，准予许可并发给化妆品生产许可证。

（二）国际相关监管要求

美国FDA设立了化妆品自愿登记系统（the Voluntary Cosmetic Registration Program，VCRP），该系统列有化妆品产品分类编码，在化妆品自愿登记产品的分类目录清单中，依据功效宣传用语和预期用途等，将化妆品分为13个类别。其中彩妆类化妆品分在Eye Makeup Preparations、Makeup Preparations（not eye）、Manicuring Preparations类目下。彩妆类化妆品上市前，不需进行事前注册许可程序，美国FDA也不对化妆品的有效性和安全性或其标签进行审批，化妆品生产企业或销售商自愿向VCRP系统提交产品信息即可。需注意的是，美国2022年12月29日新发布的《2022化妆品监管现代化法案》已经明确化妆品将从自愿注册制改为强制注册制。在生产管理方面，美国不实施生产许可证等制度，彩妆类化妆品生产企业需根据美国化妆品个人护理协会

（PCPC）的《消费者承诺规范》要求，声明化妆品生产应遵循良好生产操作规范（GMP），以保证化妆品的质量安全。

在韩国，化妆品分为一般化妆品和机能性化妆品，彩妆类化妆品属于一般化妆品。根据《化妆品法施行规则》将化妆品分为12类，其中包含彩妆用产品类，涵盖胭脂、散粉和粉饼、粉底液、唇膏、唇彩等产品。一般化妆品上市前不需要进行任何备案或许可。在生产管理方面，彩妆类化妆品生产企业应向监管部门登记。此外，政府部门鼓励化妆品制造企业可以按照《化妆品良好生产和质量控制规范》的要求，自愿向韩国食品医药品安全部提出认证申请。

欧盟法规中列举了化妆品的主要产品类型，包括：皮肤用的膏霜、乳液、啫喱和油状产品，面膜，饰色底妆（液体、膏状、粉状），粉状彩妆类产品、粉状浴后用品，粉状清洁用产品等。彩妆类化妆品可归在饰色底妆、粉状彩妆类产品中。欧盟对化妆品实行备案制，化妆品投放市场无需经审核批准。化妆品责任人应当通过化妆品电子信息提交系统向欧盟委员会提交产品信息资料。在生产管理方面，欧盟没有针对化妆品生产企业的生产许可管理制，但化妆品生产须符合良好生产规范（GMP）。

在日本，分为化妆品和医药部外品，彩妆类化妆品一般属于化妆品，在日本施行备案管理。对于化妆品的备案，日本的监管机构不做评审，但如果产品名称、功效宣称超出化妆品的范围，则资料会不予受理。在生产管理方面，彩妆类化妆品生产企业，在生产前，需首先取得制造销售业许可或制造业许可。

三、常见违法行为及安全风险

（一）非法添加禁用物质

2023年1月，《国家药监局关于8批次化妆品检出禁用原料的通告（2023年第2号）》显示，4批次指甲油检出禁用物质1,2-二氯乙烷和二氯甲烷。

1,2-二氯乙烷易挥发，是一种有毒溶剂，对眼睛以及呼吸道有一定的刺激性。1,2-二氯乙烷不仅是化妆品禁用原料，还是世界卫生组织公布的2B类致癌物。研究表明，1,2-二氯乙烷易经呼吸道、消化道和皮肤等途径吸收，可引起中枢神经系统、呼吸系统、消化系统及肝、肾损害。

二氯甲烷是《化妆品安全技术规范》（2015年版）"化妆品限用组分（表3）"中第41号原料。基于安全考虑，2021年《国家药监局关于更新化妆品禁用原料目录的公告（2021年第74号）》明确将二氯甲烷纳入禁用原料目录。二氯甲烷是世界卫生组织公布的2A类致癌物，有麻醉作用，主要损害中枢神经和呼吸系统。少量吸入可对鼻子及喉咙造成轻微刺激。短时间吸入较高浓度的二氯甲烷可能导致头晕、头痛、恶心、呕吐、手脚麻木、疲劳、协调性降低以及眼和上呼吸道刺激症状，高浓度暴露可能导致共济失调、意识丧失甚至死亡。二氯甲烷液体接触会对皮肤造成刺激。

（二）违规使用防腐剂

防腐剂的使用符合法规、技术规范等要求，是化妆品安全的基础。《化妆品安全技术规范》（2015年版）列出了化妆品准用的防腐剂及其使用要求。违规使用防腐剂给彩妆类化妆品的质量安全埋下很大的安全隐患，如粉底液中检测出"甲基氯异噻唑啉酮（CIT）和甲基异噻唑啉酮（MIT）与氯化镁及硝酸镁的混合物（甲基氯异噻唑啉酮：甲基异噻唑啉酮为3：1）"。该物质商品名为卡松，具有广谱、高效、非氧化性杀菌功能，是化妆品中常用的广谱杀菌防腐剂，人体皮肤接触高浓度的MIT、CIT可引起过敏性皮炎。基于安全考虑，《化妆品安全技术规范》（2015年版）明确规定卡松的使用范围是淋洗类化妆品。粉底液等彩妆类化妆品一般为驻留类产品，不得使用卡松作为防腐剂。

（三）禁用物质超标

近年来，在彩妆类化妆品监督抽检中，发现砷等禁用物质超标的情况。

禁用物质禁止使用在化妆品中，若技术上无法避免禁用物质作为杂质带入化妆品时，国家有限量规定的应符合其规定。汞、砷、镉、铅作为禁用物质，《化妆品安全技术规范》（2015年版）对其限量有明确规定（表7-2）。

汞、砷、镉、铅等广泛存在与自然界中，彩妆类化妆品中常使用矿物原料，如滑石粉、云母、二氧化硅、高岭土等粉质原料以及二氧化钛等无机着色剂，这类原料汞、砷、镉、铅等有害物质超标的风险相对较高。

（四）微生物超标

彩妆类化妆品微生物超标常见于眼部及唇部化妆品，相较于一般化妆品，眼部及唇部彩妆类化妆品菌落总数的要求更高，《化妆品安全技术规范》（2015年版）中规定菌落总数≤500CFU/g（或者CFU/ml）。一些化妆品企业在生产或是运输存贮过程中，对环境控制不足或是未能严格按照操作规程进行生产、运输存贮，导致产品被微生物污染。

（五）违规使用着色剂

彩妆类化妆品中常用到着色剂，一项彩妆中着色剂使用情况研究发现，彩妆化妆品中存在检测出禁用着色剂的情况，大部分阳性样品的禁用着色剂含量极低，这样的添加量一般很难达到理想的染色效果，推测这部分样品中检出的禁用着色剂成分可能属于原料纯度不够或者被污染而带入。

《化妆品安全技术规范》（2015年版）中禁用组分表中列出多种禁用着色剂，准用着色剂表中列出了157个准用着色剂，同时对准用着色剂的使用也设置了一定的条件。准用着色剂列表中禁用于眼部化妆品的着色剂见本书第七章《眼部化妆品检查技术指南》部分，禁用于唇部化妆品的着色剂见第八章《唇部化妆品检查技术指南》。此外，准用着色剂列表中禁用于驻留类彩妆化妆品的着色剂见表9-1。

表 9-1　禁用于驻留类彩妆化妆品的着色剂

序号	着色剂索引号（Color Index）	着色剂索引通用名（C.I. generic name）	颜色		使用范围				其他限制和要求
					1 各种化妆品	2 除眼部化妆品之外的其他化妆品	3 专用于不与黏膜接触的化妆品	4 专用于仅和皮肤暂时接触的化妆品	
1	CI 10006	PIGMENT GREEN 8	绿	颜料绿8				+	
6	CI 11725	PIGMENT ORANGE 1	橙	颜料橙1				+	
10	CI 12120	PIGMENT RED 3	红	颜料红3				+	
11	CI 12370	PIGMENT RED 112	红	颜料红112				+	禁用于染发产品
12	CI 12420	PIGMENT RED 7	红	颜料红7				+	该着色剂中4-氯邻甲苯胺（4-Chloro-O-toluidine）的最大浓度：5mg/kg
13	CI 12480	PIGMENT BROWN 1	棕	颜料棕1				+	
15	CI 12700	DISPERSE YELLOW 16	黄	分散黄16				+	
24	CI 15620	ACID RED 88	红	酸性红88				+	
39	CI 18130	ACID RED 155	红	酸性红155				+	
40	CI 18690	ACID YELLOW 121	黄	酸性黄121				+	
41	CI 18736	ACID RED 180	红	酸性红180				+	
42	CI 18820	ACID YELLOW 11	黄	酸性黄11				+	
45	CI 20040	PIGMENT YELLOW 16	黄	颜料黄16				+	该着色剂中3,3'-二甲基联苯胺（3,3'-dimethylbenzidine）的最大浓度：5mg/kg

序号	着色剂索引号（Color Index）	着色剂索引通用名（C.I. generic name）	颜色		使用范围				其他限制和要求
					1 各种化妆品	2 除眼部化妆品之外的其他化妆品	3 专用于不与黏膜接触的化妆品	4 专用于仅和皮肤暂时接触的化妆品	
46	CI 20470	ACID BLACK 1	黑	酸性黑1				+	
47	CI 21100	PIGMENT YELLOW 13	黄	颜料黄13				+	该着色剂中3,3'-二甲基联苯胺（3,3'-dimethylbenzidine）的最大浓度：5mg/kg；禁用于染发产品
48	CI 21108	PIGMENT YELLOW 83	黄	颜料黄83				+	该着色剂中3,3'-二甲基联苯胺（3,3'-dimethylbenzidine）的最大浓度：5mg/kg
50	CI 24790	ACID RED 163	红	酸性红163				+	
53	CI 40215	DIRECT ORANGE 39	橙	直接橙39				+	
61	CI 42080	ACID BLUE 7	蓝	酸性蓝7				+	
63	CI 42100	ACID GREEN 9	绿	酸性绿9				+	
64	CI 42170	ACID GREEN 22	绿	酸性绿22				+	
66	CI 42520	BASIC VIOLET 2	紫	碱性紫2				+	化妆品中最大浓度5mg/kg
70	CI 45100	ACID RED 52	红	酸性红52				+	
71	CI 45190	ACID VIOLET 9	紫	酸性紫9				+	禁用于染发产品

续表

序号	着色剂索引号 （Color Index）	着色剂索引通用名 （C.I. generic name）	颜色		使用范围				其他限制和要求
					1 各种化妆品	2 除眼部化妆品之外的其他化妆品	3 专用于不与黏膜接触的化妆品	4 专用于仅和皮肤暂时接触的化妆品	
72	CI 45220	ACID RED 50	红	酸性红 50				+	
83	CI 50325	ACID VIOLET 50	紫	酸性紫 50				+	
85	CI 51319	PIGMENT VIOLET 23	紫	颜料紫 23				+	禁用于染发产品
88	CI 60724	DISPERSE VIOLET 27	紫	分散紫 27				+	
93	CI 61585	ACID BLUE 80	蓝	酸性蓝 80				+	
94	CI 62045	ACID BLUE 62	蓝	酸性蓝 62				+	
102	CI 73900	PIGMENT VIOLET 19	紫	颜料紫 19				+	禁用于染发产品
103	CI 73915	PIGMENT RED 122	红	颜料红 122				+	
104	CI 74100	PIGMENT BLUE 16	蓝	颜料蓝 16				+	
106	CI 74180	DIRECT BLUE 86	蓝	直接蓝 86				+	禁用于染发产品
151		BROMO CRESOL GREEN	绿	溴甲酚绿				+	
152		BROMOT HYMOL BLUE	蓝	溴百里酚蓝				+	

四、检查重点及方法

针对彩妆类化妆品的产品特点及常见安全风险，现场检查时，除了《化妆品生产质量管理规范检查要点及判定原则》的通用要求外，重点关注以下内容：

1. 检查生产许可项目是否包含相关产品的单元。

2. 检查彩妆类化妆品是否经过备案。

3. 检查企业物料、产品标准是否符合相关法律法规、强制性国家标准、技术规范的相关要求，检验方法是否符合或者经验证可满足《化妆品安全技术规范》（2015年版）等相关技术规范要求。

4. 检查企业是否建立并执行检验管理制度，并留存检验原始记录，记录是否真实、完整、可追溯；检验报告基本信息是否与原始记录一致。

5. 检查彩妆类化妆品的质量控制是否与备案资料中质量控制措施一致，是否留存记录，尤其关注汞、砷、镉、铅的控制措施及记录。

6. 检查企业是否建立并执行物料供应商遴选制度，并对物料供应商进行审核和评价，使用的物料是否来自合格物料供应商名录；重点检查着色剂、防腐剂类原料是否从合格供应商处采购，并留存采购凭证等票证文件以及质量安全相关信息。

7. 检查企业是否建立并执行物料进货查验记录制度，建立并执行物料验收规程，明确物料验收标准和验收方法。实际交付的物料是否与采购合同、送货票证一致，并达到物料质量要求。

8. 检查企业是否存在使用禁用原料、未经注册或备案的新原料或者超出使用范围、限制条件使用限用原料的行为。

9. 检查易产生粉尘、不易清洁等（散粉类、指甲油、香水等产品）的生产工序、蜡基类等产品不易清洁的生产工序是否设置单独生产操作区域或者物理隔断，是否使用专用生产设备。

10. 检查企业易产生粉尘、不易清洁等的生产工序是否采取相应的清洁措施，防止交叉污染。

11. 检查企业易产生粉尘和使用挥发性物质的生产工序（如称量、筛选、粉碎、混合等）的操作区是否配备有效的除尘或者排风设施。

12. 检查企业生产的彩妆类化妆品是否制定生产工艺规程和岗位操作规程，并明确主要生产工艺参数及关键控制点；生产工艺规程是否符合备案资料产品执行的标准中载明的生产工艺。

13. 检查企业实际生产过程中是否形成批生产记录，实际生产过程是否与生产工艺规程一致。

14. 检查企业生产记录中产品配方（称量、投料）、备案配方以及产品标签中全成分是否一致。

15. 检查企业是否建立并执行空气净化系统和水处理系统定期清洁、消毒、监测、维护制度，检查相关记录。

16. 检查企业是否建立半成品使用期限管理制度，半成品使用期限是否有依据。

17. 检查物料和产品是否按规定的条件贮存。

18. 检查企业是否在生产后及时清场，对生产车间和生产设备、管道、容器、器具等按照操作规程进行清洁消毒并记录。

19. 检查产品放行前，产品的出厂检验项目是否经检验合格；相关生产和质量活动记录是否经质量安全负责人审核批准。

20. 检查企业是否建立并实施化妆品不良反应监测和评价体系；是否建立并执行产品召回管理制度。

五、企业常见问题及案例分析

（一）常见问题

1. 企业生产的彩妆类化妆品实际生产工艺规程与备案资料载明的生产工艺不一致。

2. 彩妆类化妆品的质量控制与备案资料中质量控制措施不一致。

3. 企业存在非法添加禁用原料、限用原料的使用不符合《化妆品安全技术规范》（2015年版）的要求的情况。

4. 未按照规定的条件贮存物料，物料标签不清晰、不完整。

5. 易产生粉尘和使用挥发性物质的生产工序的操作区未配备除尘或者排风设施，或除尘或者排风设施不能达到预期效果。

6. 企业未能够严格执行供应商遴选制度、物料审查制度和物料验收规程，如部分物料供应商未经评估、物料验收存在缺失。

7. 生产批记录不完整或缺少关键信息，无法满足追溯要求。

8. 企业在生产后或者更换生产品种前未能及时清场，未能提供设备清洁消毒记录。

9. 未按照制度中规定对生产车间环境进行监控。

10. 空气净化系统的出风口滤网未及时清洁维护、未进行初中效压差监测等。

11. 不合格物料的处理措施未经质量部门批准。

12. 出厂检验项目结果未出，产品已出厂放行。

（二）案例分析

案例 在对一家生产眉笔类化妆品企业进行检查时发现，企业生产的某一系列眉笔有多种色号，企业在成品放行时，以不同色号眉笔半成品混合后的微生物检验报告作为成品放行的微生物指标判定依据。此外，企业的这种质量控制措施，与备案资料载明的技术要求不一致。

讨论分析 依据《化妆品生产质量管理规范》的要求，企业应当制定原料、内包材、半成品以及成品的质量控制要求。多种色号眉笔半成品混合后的微生物检测结果并不能代替眉笔成品的微生物情况，在半成品储存、灌装过程中均存在微生物污染的风险。以上说明企业在产品放行管理方面做得不到位，质量安全负责人需提高质量安全责任意识，加强培训考核。

六、思考题

1. 彩妆类化妆品常见的安全风险有哪些？
2. 在检查彩妆类化妆品过程中，应重点关注哪些环节？

（竹庆杰编写）

参考文献

［1］张婉萍，董银卯.化妆品配方科学与工艺技术［M］.北京：化学工业出版社，2018：195-211.

［2］刘纲勇.化妆品原料［M］.2版.北京：化学工业出版社，2021：109-130.

［3］中华人民共和国国务院.化妆品监督管理条例［EB/OL］.（2020-06-29）［2023-04-17］.http://www.gov.cn/zhengce/content/2020-06/29/content_5522593.htm.

［4］国家药品监督管理局.国家药监局关于发布实施化妆品注册和备案检验工作规范的公告（2019年第72号）［EB/OL］.（2019-09-10）［2023-04-17］.https://www.

nmpa.gov.cn/hzhp/hzhpfgwj/hzhpgzwj/20190910153001302.html.

［5］国家药品监督管理局.化妆品安全技术规范［R］.（2015-12-23）［2023-04-17］.https：//www.nmpa.gov.cn/hzhp/hzhpfgwj/hzhpgzwj/20151223120001986.html.

［6］王钢力，张庆生.全球化妆品技术法规比对［M］.北京：人民卫生出版社，2018.

［7］国家药品监督管理局.国家药监局关于8批次化妆品检出禁用原料的通告（2023年第20号）［EB/OL］.（2023-01-09）［2023-4-17］.https：//www.nmpa.gov.cn/xxgk/ggtg/qtggtg/hzhpchjgg/hzhpcjgjj/20230111160105143.html.

［8］董贺文，刘宁国.1,2-二氯乙烷亚急性中毒死亡1例［J］.法医学杂志，2020.36（4）：491-492.

［9］国家药品监督管理局.国家药监局关于更新化妆品禁用原料目录的公告（2021年第74号）［EB/OL］.（2024-05-26）［2023-04-17］.https：//www.nmpa.gov.cn/xxgk/ggtg/qtggtg/jmhzhptg/20210528174051160.html.

［10］王海兰.二氯甲烷的职业危害与防护［J］.现代职业安全，2013（8）：107-109.

［11］上海市药品监督管理局.上海市药品监督管理局关于2023年第1期化妆品监督抽检质量通告（沪药监通告〔2023〕9号）［EB/OL］.（2023-02-24）［2023-4-17］.https：//yjj.sh.gov.cn/zx-hzp/20230301/96381461507940369f57734e50b9437e.html.

［12］陈晓霞，谭小玲，杜冠星，等.化妆品中甲基氯异噻唑啉酮和甲基异噻唑啉酮含量的测定［J］.广东化工，2020.47（3）：191-193.

［13］任国杰，孙稚菁，王灵芝，等.彩妆中着色剂的使用情况研究［J］.香料香精化妆品，2017（1）：42-45.

第十章

牙膏检查技术指南

一、产品概述

（一）产品定义

牙膏是指以摩擦的方式，施用于人体牙齿表面，以清洁为主要目的的膏状产品。牙膏是最常见的口腔护理日用化学工业产品。

牙膏产品名称一般由商标名、通用名和属性名三部分组成。牙膏的属性名统一使用"牙膏"字样进行表述。

（二）作用机理

1．物理作用

磨擦剂在牙刷的刷动下，机械地刷除牙齿表面和牙缝的附着物。

2．化学作用

表面活性剂在刷牙过程中发泡、乳化，吸附口腔和牙齿内的污垢，对牙菌斑和牙垢产生溶解、分解、中和等作用。

3．生物作用

牙膏中的各种成分的综合作用可有效抑制、杀灭或祛除口腔中的细菌。

（三）常见功效成分

牙膏一般由摩擦剂、防腐剂、香料、氟化物、增稠剂、保湿剂、着色剂、甜味剂和稳定剂等组成。牙膏分为普通牙膏和功效牙膏。市场上销售的牙膏，约90%是功效牙膏。功效牙膏中添加的一些特定功效成分，可能会导致不良反应发生率的增加。

（四）常见的生产工艺流程

牙膏是一种复杂的混合物，生产工艺过程可以是全自动、半自动和间歇式。可以在室温下进行，也可适当地加热。一般牙膏生产流程图如10-1所示。

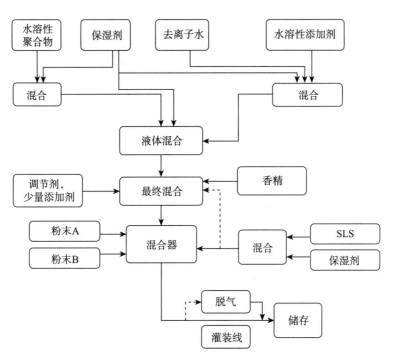

图10-1　牙膏生产工艺流程图

二、国内外相关监管要求

（一）国内相关监管要求

2006年，原国家质量监督检验检疫总局制定了《牙膏产品生产许可实施细则》指导开展牙膏产品生产许可证发证工作。2007年8月，原国家质量监督检验检疫总局公布的《化妆品标识管理规定》明确规定，牙膏等口腔清洁护理用品纳入化妆品监管体系，对企业审查生产许可证。2013年机构改革后，原国家食品药品监督管理总局统一承担了化妆品监管职能，开始对牙膏生产企业核发化妆品生产许可证，但未将牙膏纳入化妆品进行备案管理。2015年，原国家食品药品监督管理总局制定《化妆品生产许可工作规范》，将牙膏生产管理纳入化妆品范围，对牙膏生产企业颁发《化妆品生产许可证》。

《化妆品监督管理条例》第七十七条规定，"牙膏参照本条例有关普通化妆品的规定进行管理"。2023年3月16日国家市场监督管理总局发布了《牙膏监督管理办法》，规定对牙膏实行备案管理，牙膏备案人对牙膏的质量安全和功效宣称负责。

牙膏生产经营者应当依照法律、法规、强制性国家标准、技术规范从事生产经营活动，加强管理，诚信自律，保证牙膏产品质量安全。

从事牙膏生产活动，应当依法向所在地省、自治区、直辖市药品监督管理部门申请取得生产许可。牙膏备案人、受托生产企业应当建立生产质量管理体系，按照化妆品生产质量管理规范的要求组织生产。牙膏备案人应当选择符合法律、法规、强制性国家标准、技术规范要求的原料用于牙膏生产，对其使用的牙膏原料安全性负责。牙膏备案人进行备案时，应当通过备案信息服务平台明确原料来源和原料安全相关信息。

国产牙膏应当在上市销售前向备案人所在地省、自治区、直辖市药品监督管理部门备案。进口牙膏应当在进口前向国家药品监督管理局备案。国家药品监督管理局可以依法委托具备相应能力的省、自治区、直辖市药品监督管理部门实施进口牙膏备案管理工作。

在我国首次使用于牙膏的天然或者人工原料为牙膏新原料。牙膏新原料应当遵守化妆品新原料管理的有关规定，具有防腐、着色等功能的牙膏新原料，经国家药品监督管理局注册后方可使用；其他牙膏新原料实行备案管理。已经取得注册、完成备案的牙膏新原料实行安全监测制度，安全监测的期限为3年。

国家推荐标准GB/T 8372—2017《牙膏》对牙膏产品的菌落总数、霉菌与酵母菌总数、耐热大肠菌群、铜绿假单胞菌、铅、砷等指标做出了规定，详见表10-1。

表 10-1　GB/T 8372—2017 牙膏卫生指标要求

卫生指标	要求
菌落总数/（CFU/g）	500
霉菌与酵母菌总数/（CFU/g）	100
耐热大肠菌群	不得检出
铜绿假单胞菌	不得检出
金黄色葡萄球菌	不得检出
铅	应符合《化妆品安全技术规范》相关要求
砷	应符合《化妆品安全技术规范》相关要求

对含氟牙膏中氟含量等理化指标做了具体规定，详见表10-2。

表 10-2　GB/T 8372—2017 牙膏感官、理化指标要求

项目		要求
感官指标	膏体	均匀、无异物
理化指标	pH	5.5[a] ~ 10.5
	稳定性	膏体不溢出管口，不分离出液体，香味色泽正常
	过硬颗粒	玻片无划痕
	可溶氟或者游离氟量[b]（下限仅适用于含氟防龋牙膏）/%	0.05% ~ 0.15%（适用于含氟牙膏） 0.05% ~ 0.11%（适用于儿童含氟牙膏）
	总氟量（下限仅适用于含氟防龋牙膏）/%	0.05% ~ 0.15%（适用于含氟牙膏） 0.05% ~ 0.11%（适用于儿童含氟牙膏）

a. pH低于5.5的牙膏，产品责任方应提供两份由具有资质的第三方机构出具的按标准方法对口腔硬组织（含牙釉质和牙本质）进行安全性评估的试验报告，两份报告的试验结论均应达到标准方法的安全要求，其中至少一份报告应有口腔研究机构（口腔医学院，省级口腔研究院所）或者口腔医疗机构（三级口腔专科医院、综合性医院口腔科）出具。

b. 以单氟磷酸钠或者单氟磷酸钠与氯化钠（氟化亚锡、氟化铵）复合使用的含氟牙膏适合可溶氟检测方法；以氟化钠或者（氟化亚锡、氟化铵）为原料的含氟牙膏适合游离氟检测方法；若使用的氟化物超出单氟磷酸钠、氟化钠、氟化亚锡、氟化铵四种氟化物，探讨检测方法的适用性。

国家标准GB 22115—2008《牙膏用原料规范》中，对氯化锶六水化合物、水杨酸及其盐类等在儿童牙膏中的使用做了限制性规定。

（二）国际相关监管要求

1. 美国

宣称清洁、美白的牙膏按照化妆品管理，不需注册，实行自愿备案的管理方式。宣称抗龋齿等功效的牙膏，按照药品管理，生产企业必须证实其安全性和治疗效果。如果牙膏中的活性成分被FDA非处方药专论（包含抗龋齿、缓解口腔不适、抗菌斑和抗齿龈炎以及口腔伤口治疗）收录，则按照非处方药管理，不需注册，实行自愿备案的管理方式；如果活性成分没有被FDA非处方药专论收录，则按照新药管理，实行药品注册。

2. 欧盟

普通牙膏和宣称特定功效的牙膏按照化妆品管理，无需进行上市前许可，但是制造商需要在上市前自主选择安全的方法对产品进行检测，确保产品达到化妆品检测的安全指标且对人体无任何伤害。此外，用于治疗牙龈疾病的牙膏纳入药品管理，脱敏牙膏纳入医疗器械管理。

3. 日本

符合化妆品宣称要求且不含活性成分的牙膏，按照化妆品进行管理。有相关医疗宣称且含有活性成分的牙膏，按照医药部外品进行管理。按照化妆品进行管理的牙膏要向地方卫生局备案即将上市产品的名称，按照医药部外品进行管理的牙膏需要获得上市前的产品许可。符合药用牙膏标准的产品由县卫生局批准，不符合标准的则由厚生劳动省审批。无论属于化妆品还是医药部外品的牙膏，对其生产企业均实施许可管理。

主要国家（地区）对牙膏监管政策汇总详见表10-3。

表 10-3　主要国家（地区）对牙膏监管政策汇总表

国家/地区	分类	原料要求	成品标准	产品审批	功效验证	生产许可
中国	普通牙膏	√	√	×	×	√
	功效牙膏	√	√	×	√	√
美国	牙膏（化妆品）	√	×	×	×	×
	专论牙膏（非处方药）	√	√	×	√（部分）	√
	新药牙膏	√	√	√	√	√
欧盟/东盟	牙膏（化妆品）	√	×	×	×	×
	牙膏（医疗器械）	×	×	√	√	√
	牙膏（药品）	√	×	√	√	√
日本	牙膏（化妆品）	√	×	×	×	√
	医药部外品牙膏	√	√	√	√（新成分）	√

三、常见违法行为及安全风险

目前，牙膏主要存在以下问题和安全风险：

（一）微生物超标

牙膏是直接入口的产品，需要与口腔黏膜接触并驻留一段时间，因此菌落总数超标会导致一系列口腔疾病甚至全身疾病。微生物超标是牙膏监督抽检中的常见问题。牙膏与用于皮肤表面的普通化妆品相比，生产环境和条件的控制应更加严格，生产过程必须严格防控、防止污染，避免微生物超标导致的安全风险。

（二）假冒伪劣

市场上不乏一些以假乱真的假冒伪劣牙膏产品，假冒牙膏多使用劣质香精、色素和工业滑石粉等原料调配膏体，微生物严重超标，常见的假冒伪劣牙膏有以下特点：一是制假窝点分工更细化；二是销售假货的渠道多为线上线下结合；三是仿冒品牌牙膏的包材制作"山寨"牙膏。

（三）功效宣称问题

牙膏的功效宣称范围和用语应当符合法律、法规、强制技术规范和国家药监局的规定。

有的牙膏宣称其他容易与药品治疗作用相混淆的功效。一些功效牙膏宣称抗口腔幽门螺杆菌、口腔溃疡以及预防孕吐等功效，误导消费者购买，市场上甚至还有一些所谓牙膏产品，宣称具有"促进幼儿长牙""修补牙洞""闭合牙缝""稳固牙松动"，甚至"让牙齿再生"等功效。

必须明确，牙膏不是药品，不能治疗疾病，也不具有上述宣称的功效。

（四）不良反应

根据文献报道的临床病例，牙膏不良反应主要表现为对口腔黏膜的过敏性和刺激性。牙膏中很多成分是潜在致敏原，例如：牙膏中常用的发泡剂十二烷基硫酸钠可导致皮肤黏膜变得易受激惹和敏感；常用的防腐剂苯甲酸钠也是常见的致敏原；常用的香料如薄荷油、肉桂醛、肉桂醇已经成为引起人类变应性、接触性反应较常见的变应原；牙膏常用的氟化物是公认的引起慢性唇炎的致敏物质，可导致接触性皮炎和口腔炎等。

由于儿童口腔软组织比成人更脆弱，更容易受到外部刺激，因此儿童用牙膏与成人牙膏相比更容易引发安全性问题。涉及儿童使用牙膏发生不良反应的报告占所有牙膏不良反应报告的比例远高于同期涉及成人使用牙膏发生不良反应的比例。

（五）误食风险

牙膏是直接入口的产品，存在误食风险。尤其对刚刚开始刷牙，含漱技巧掌握得还不是很好的儿童。有些厂家生产的牙膏出于吸引儿童使用的目的，故意外包装类似食物的产品，易造成儿童误食，对身体产生不利影响。

四、检查重点及方法

根据牙膏的产品特点及常见安全风险，现场检查时，除了《化妆品生产质量管理规范检查要点及判定原则》的通用要求外，需重点关注的内容及检查方法如下：

1. 检查企业生产的牙膏是否均经备案，其标签等信息是否与备案资料载明的技术要求一致。

2. 检查企业物料、产品标准是否符合相关法律法规、强制性国家标准、技术规范等相关要求，检验方法是否符合或者经验证可满足《化妆品安全技术规范》(2015年版)等相关技术规范要求。

3. 检查企业是否具备微生物检验能力，是否配备有与产品相适应的检验人员和检验设施、设备和仪器。

4. 检查企业是否对菌落总数、霉菌与酵母菌总数等微生物指标进行了检测；环境控制条件是否能确保检测结果的准确性。

5. 检查企业检验标准、检验记录、检验报告中相关要求及数据是否一致，检验报告中的内容是否可追溯。

6. 检查企业是否建立批生产记录及检验记录，生产过程及相关记录是否可追溯。

7. 检查企业不同洁净级别的区域是否有物理隔离，是否根据工艺要求保持相应的压差。

8. 检查企业洁净区与准洁净区是否安装消毒设备或者设施，按照规定进行清洁消毒并记录，清洁消毒完成后，企业是否按规定标识清洁消毒有效期限。

9. 检查企业空气净化系统与水处理系统清洁、消毒、监测、维护情况及记录。

10. 检查企业生产牙膏的半成品贮存、填充、灌装，清洁容器与器具贮存等区域的环境是否符合洁净区的相关要求。

11. 检查企业生产牙膏的称量、配制、缓冲、更衣等区域的环境是否符合准洁净区的相关要求。

12. 检查企业牙膏生产中易产生粉尘的工序是否有独立的生产车间，配料间是否配备有效的除尘排风设备。

13. 检查企业是否在物料采购前对原料、外购的半成品、内包材实施审查，是否存在使用禁用原料、未经注册或者备案的新原料，超出使用范围、限制条件使用限用原料的情况。

14. 检查企业物料是否均从合格物料供应商处购进。

15. 检查企业是否建立物料验收规程，是否明确验收标准和验收方法，重点关注需控制微生物指标的原料，是否按质量标准进行入厂检验或者确认。

16. 检查企业生产牙膏的工艺用水是否符合质量标准，是否制定工艺用水管理规程并按照工艺用水管理规程对工艺用水水质进行定期监测。

17. 检查企业是否建立了半成品使用期限管理制度并按照制度及时处理超过使用期限未填充或者灌装的半成品，是否留存相关记录。

18. 检查企业生产的牙膏配方、生产记录与工艺是否与备案资料载明的技术要求相一致。

19. 检查企业是否制定有相应的生产工艺规程和岗位操作规程，是否明确主要生产工艺参数及工艺过程的关键控制点。

20. 检查企业是否制定有效的清场管理制度并严格执行和记录。

21. 检查企业的牙膏生产车间是否生产非牙膏产品，若非牙膏产品与牙膏共线生产，非牙膏产品所使用原料应当不对牙膏产品产生不利影响，且严格执行清场管理制度。

22. 检查企业是否建立并执行不良反应监测制度，是否对收集或者获知的牙膏不良反应报告进行分析评价，并自查原因，采取相应的纠正预防措施。

23. 涉及儿童牙膏的，检查企业生产的儿童牙膏的性状、气味、外观形态等是否容易与玩具、食品、药品等产品相混淆。

五、企业常见问题及案例分析

（一）常见问题

1. 企业实际生产配方、生产工艺与备案资料不一致，存在非法添加禁用原料、超标使用限用原料的情况。

2. 企业微生物实验室不具备检测生产环境、工艺用水、物料、产品中微生物指标的能力，微生物检验原始记录不完整、不规范。

3. 企业生产车间的称量、配制、半成品贮存、灌装、清洁容器与器具贮存等工序的洁净级别不符合要求。

4. 生产中易产生粉尘的生产车间、配料间没有配备有效的除尘排风设备。

5. 原料采购验收环节不能够严格执行供应商评价制度、原料验收规程及标准。

6. 企业未建立或者执行生产设备清洁消毒制度，未在更换生产品种前及时清场，未对生产区域和生产设备、管道、容器等按照经过验证的方法和要求清洁消毒。

（二）案例分析

案例 在对某牙膏生产企业进行现场检查的过程中，抽查原料和产品的检验原始记录，发现该企业检验记录不包含可追溯的样品相关信息，如无所用试剂、培养基的来源、批号等相关信息；企业自行配置的滴定液及标准缓冲溶液，均未能提供配制记录。进一步检查企业的检验管理制度，发现检验制度中未明确与检验相关的记录、报告要求等内容。

讨论分析 该企业产品的检验原始记录不包含可追溯的样品、培养基、滴定液、缓冲溶液的相关信息，因此检验过程不可追溯，在检验结果超常时，不能分析查找产生问题的原因。该企业的检验管理制度虽然明确了相关的职责分工、程序，但没有明确与检验相关的记录和报告要求等内容，也不能确保检验结果的真实、完整、准确、可靠。

六、思考题

1. 牙膏常见的安全风险有哪些？

2. 哪些牙膏功效宣称用语是允许的，哪些是不允许的？

3. 在检查牙膏生产过程时，应重点关注哪些环节？

（高敬雨编写）

参考文献

［1］中华人民共和国国务院. 化妆品监督管理条例.［EB/OL］.（2020-06-29）
［2022-11-13］. http：//www.gov.cn/zhengce/content/2020-06/29/content_5522593.htm.

［2］裘炳毅，高志红. 现代化妆品科学与技术［M］. 北京：中国轻工业出版社，
2016.

［3］中华人民共和国国家质量监督检验检疫总局，中国国家标准化管理委员会.
GB/T 8372—2017.牙膏［S］. 2017.

［4］国家市场监督管理总局. 牙膏监督管理办法.［EB/OL］.（2023-03-16）［2023-
04-27］. https：//gkml.samr.gov.cn/nsjg/fgs/202303/t20230323_354050.html.

［5］邢书霞，李琳，袁欢，等.国内外口腔清洁护理用品监管体系的比较［J］. 中
国卫生检验杂志，2018，28（12）：1534-1536.

［6］国家药品监督管理局. 牙膏不能治疗疾病［EB/OL］.（2022-01-07）［2022-
11-13］. https：//www.nmpa.gov.cn/xxgk/kpzhsh/kpzhshhzhp/20220107162711188.html.

附 录

附录1 儿童化妆品监督管理规定

儿童化妆品监督管理规定

第一条 为了规范儿童化妆品生产经营活动，加强儿童化妆品监督管理，保障儿童使用化妆品安全，根据《化妆品监督管理条例》等法律法规，制定本规定。

第二条 在中华人民共和国境内从事儿童化妆品生产经营活动及其监督管理，应当遵守本规定。

第三条 本规定所称儿童化妆品，是指适用于年龄在12岁以下（含12岁）儿童，具有清洁、保湿、爽身、防晒等功效的化妆品。

标识"适用于全人群""全家使用"等词语或者利用商标、图案、谐音、字母、汉语拼音、数字、符号、包装形式等暗示产品使用人群包含儿童的产品按照儿童化妆品管理。

第四条 化妆品注册人、备案人对儿童化妆品的质量安全和功效宣称负责。

化妆品生产经营者应当依照法律、法规、强制性国家标准、技术规范从事生产经营活动，加强儿童化妆品质量管理，诚信自律，保证产品质量安全。

化妆品生产经营者应当建立并执行进货查验记录等制度，确保儿童化妆品可追溯。鼓励化妆品生产经营者采用信息化手段采集、保存生产经营信息，建立儿童化妆品质量安全追溯体系。

第五条 化妆品注册人、备案人应当根据儿童的生理特点和可能的应用场景，遵循科学性、必要性的原则，研制开发儿童化妆品。

第六条　儿童化妆品应当在销售包装展示面标注国家药品监督管理局规定的儿童化妆品标志。

非儿童化妆品不得标注儿童化妆品标志。

儿童化妆品应当以"注意"或者"警告"作为引导语，在销售包装可视面标注"应当在成人监护下使用"等警示用语。

鼓励化妆品注册人、备案人在标签上采用防伪技术等手段方便消费者识别、选择合法产品。

第七条　儿童化妆品配方设计应当遵循安全优先原则、功效必需原则、配方极简原则：

（一）应当选用有长期安全使用历史的化妆品原料，不得使用尚处于监测期的新原料，不允许使用基因技术、纳米技术等新技术制备的原料，如无替代原料必须使用时，应当说明原因，并针对儿童化妆品使用的安全性进行评价；

（二）不允许使用以祛斑美白、祛痘、脱毛、除臭、去屑、防脱发、染发、烫发等为目的的原料，如因其他目的使用可能具有上述功效的原料时，应当对使用的必要性及针对儿童化妆品使用的安全性进行评价；

（三）儿童化妆品应当从原料的安全、稳定、功能、配伍等方面，结合儿童生理特点，评估所用原料的科学性和必要性，特别是香料香精、着色剂、防腐剂及表面活性剂等原料。

第八条　儿童化妆品应当通过安全评估和必要的毒理学试验进行产品安全性评价。

化妆品注册人、备案人对儿童化妆品进行安全评估时，在危害识别、暴露量计算等方面，应当考虑儿童的生理特点。

第九条　国家药品监督管理局组织化妆品技术审评机构制定专门的儿童化妆品技术指导原则，对申请人提交的注册申请资料进行严格审查。

药品监督管理部门应当加强儿童化妆品的上市后监督管理，重点对产品安全性资料进行技术核查，发现不符合规定的，依法从严处理。

第十条　儿童化妆品应当按照化妆品生产质量管理规范的要求生产，儿童护肤类化妆品生产车间的环境要求应当符合有关规定。

化妆品注册人、备案人、受托生产企业应当按照规定对化妆品生产质量管理规范的执行情况进行自查，确保持续符合化妆品生产质量管理规范的要求。

鼓励化妆品注册人、备案人针对儿童化妆品制定严于强制性国家标准、技术规范的产品执行的标准。

第十一条 化妆品注册人、备案人、受托生产企业应当制定并实施从业人员入职培训和年度培训计划，确保员工熟悉岗位职责，具备履行岗位职责的专业知识和儿童化妆品相关的法律知识。企业应当建立员工培训档案。

企业应当加强质量文化建设，不断提高员工质量意识及履行职责能力，鼓励员工报告其工作中发现的不合法或者不规范情况。

第十二条 化妆品注册人、备案人、受托生产企业应当严格执行物料进货查验记录制度，企业经评估认为必要时开展相关项目的检验，避免通过原料、直接接触化妆品的包装材料带入激素、抗感染类药物等禁用原料或者可能危害人体健康的物质。

化妆品注册人、备案人发现原料、直接接触化妆品的包装材料中存在激素、抗感染类药物等禁用原料或者可能危害人体健康的物质的，应当立即采取措施控制风险，并向所在地省级药品监督管理部门报告。

第十三条 化妆品注册人、备案人、受托生产企业应当采取措施避免儿童化妆品性状、气味、外观形态等与食品、药品等产品相混淆，防止误食、误用。

儿童化妆品标签不得标注"食品级""可食用"等词语或者食品有关图案。

第十四条 化妆品经营者应当建立并执行进货查验记录制度，查验直接供货者的市场主体登记证明、特殊化妆品注册证或者普通化妆品备案信息、儿童化妆品标志、产品质量检验合格证明并保存相关凭证，如实记录化妆品名称、特殊化妆品注册证编号或者普通化妆品备案编号、使用期限、净含量、购进数量、供货者名称、地址、联系方式、购进日期等内容。

化妆品经营者应当对所经营儿童化妆品标签信息与国家药品监督管理局

官方网站上公布的相应产品信息进行核对，包括：化妆品名称、特殊化妆品注册证编号或者普通化妆品备案编号、化妆品注册人或者备案人名称、受托生产企业名称、境内责任人名称，确保上述信息与公布信息一致。

鼓励化妆品经营者分区陈列儿童化妆品，在销售区域公示儿童化妆品标志。鼓励化妆品经营者在销售儿童化妆品时主动提示消费者查询产品注册或者备案信息。

第十五条 电子商务平台内儿童化妆品经营者以及通过自建网站、其他网络服务经营儿童化妆品的电子商务经营者应当在其经营活动主页面全面、真实、准确披露与化妆品注册或者备案资料一致的化妆品标签等信息，并在产品展示页面显著位置持续公示儿童化妆品标志。

第十六条 化妆品生产经营者、医疗机构发现或者获知儿童化妆品不良反应，应当按照规定向所在地市县级不良反应监测机构报告不良反应。

化妆品注册人、备案人应当对收集或者获知的儿童化妆品不良反应报告进行分析评价，自查可能引发不良反应的原因。对可能属于严重不良反应的，应当按照规定进行调查分析并形成自查报告，报送所在地省级不良反应监测机构，同时报送所在地省级药品监督管理部门。发现产品存在安全风险的，应当立即采取措施控制风险；发现产品存在质量缺陷或者其他问题，可能危害人体健康的，应当依照《化妆品监督管理条例》第四十四条的规定，立即停止生产，召回已经上市销售的化妆品，通知相关化妆品经营者和消费者停止经营、使用。

第十七条 抽样检验发现儿童化妆品存在质量安全问题的，化妆品注册人、备案人、受托生产企业应当立即停止生产，对化妆品生产质量管理规范的执行情况进行自查，并向所在地省级药品监督管理部门报告。影响质量安全的风险因素消除后，方可恢复生产。省级药品监督管理部门可以根据实际情况组织现场检查。

化妆品注册人、备案人发现化妆品存在质量缺陷或者其他问题，可能危害人体健康的，应当依照《化妆品监督管理条例》第四十四条的规定，立即停止生产，召回已经上市销售的化妆品，通知相关化妆品经营者和消费者停止经营、使用。

化妆品注册人、备案人应当根据检验不合格的原因，对其他相关产品进行分析、评估，确保产品质量安全。

第十八条 负责药品监督管理的部门应当按照风险管理的原则，结合本地实际，将化妆品注册人、备案人、境内责任人、受托生产企业以及儿童化妆品销售行为较为集中的化妆品经营者列入重点监管对象，加大监督检查频次。

第十九条 负责药品监督管理的部门应当将儿童化妆品作为年度抽样检验和风险监测重点类别。经抽样检验或者风险监测发现儿童化妆品中含有可能危害人体健康的物质，负责药品监督管理的部门可以采取责令暂停生产、经营的紧急控制措施，并发布安全警示信息；属于进口儿童化妆品的，依法提请有关部门暂停进口。

第二十条 负责药品监督管理的部门依法查处儿童化妆品违法行为时，有下列情形之一的，应当认定为《化妆品监督管理条例》规定的情节严重情形：

（一）使用禁止用于化妆品生产的原料、应当注册但未经注册的新原料生产儿童化妆品；

（二）在儿童化妆品中非法添加可能危害人体健康的物质。

第二十一条 儿童牙膏参照本规定进行管理。

第二十二条 本规定自2022年1月1日起施行。

附录2 牙膏监督管理办法

牙膏监督管理办法

第一条 为了规范牙膏生产经营活动，加强牙膏监督管理，保证牙膏质量安全，保障消费者健康，促进牙膏产业健康发展，根据《化妆品监督管理条例》，制定本办法。

第二条 在中华人民共和国境内从事牙膏生产经营活动及其监督管理，适用本办法。

第三条 本办法所称牙膏，是指以摩擦的方式，施用于人体牙齿表面，以清洁为主要目的的膏状产品。

第四条 国家药品监督管理局负责全国牙膏监督管理工作。

县级以上地方人民政府负责药品监督管理的部门负责本行政区域的牙膏监督管理工作。

第五条 牙膏实行备案管理，牙膏备案人对牙膏的质量安全和功效宣称负责。

牙膏生产经营者应当依照法律、法规、强制性国家标准、技术规范从事生产经营活动，加强管理，诚信自律，保证牙膏产品质量安全。

第六条 境外牙膏备案人应当指定我国境内的企业法人作为境内责任人办理备案，协助开展牙膏不良反应监测、实施产品召回，并配合药品监督管理部门的监督检查工作。

第七条 牙膏行业协会应当加强行业自律，督促引导生产经营者依法从事生产经营活动，推动行业诚信建设。

第八条 在中华人民共和国境内首次使用于牙膏的天然或者人工原料为牙膏新原料。

牙膏新原料应当遵守化妆品新原料管理的有关规定，具有防腐、着色等功能的牙膏新原料，经国家药品监督管理局注册后方可使用；其他牙膏新原料实行备案管理。

已经取得注册、完成备案的牙膏新原料实行安全监测制度，安全监测的期限为3年。安全监测期满未发生安全问题的牙膏新原料，纳入国家药品监督管理局制定的已使用的牙膏原料目录。

第九条 牙膏备案人应当选择符合法律、法规、强制性国家标准、技术规范要求的原料用于牙膏生产，对其使用的牙膏原料安全性负责。牙膏备案人进行备案时，应当通过备案信息服务平台明确原料来源和原料安全相关信息。

第十条 国产牙膏应当在上市销售前向备案人所在地省、自治区、直辖市药品监督管理部门备案。

进口牙膏应当在进口前向国家药品监督管理局备案。国家药品监督管理局可以依法委托具备相应能力的省、自治区、直辖市药品监督管理部门实施进口牙膏备案管理工作。

第十一条 备案人或者境内责任人进行牙膏备案，应当提交下列资料：

（一）备案人的名称、地址、联系方式；

（二）生产企业的名称、地址、联系方式；

（三）产品名称；

（四）产品配方；

（五）产品执行的标准；

（六）产品标签样稿；

（七）产品检验报告；

（八）产品安全评估资料。

进口牙膏备案，应当同时提交产品在生产国（地区）已经上市销售的证明文件以及境外生产企业符合化妆品生产质量管理规范的证明资料；专为向我国出口生产、无法提交产品在生产国（地区）已经上市销售的证明文件的，应当提交面向我国消费者开展的相关研究和试验的资料。

第十二条 牙膏备案前，备案人应当自行或者委托专业机构开展安全评估。

从事安全评估的人员应当具备牙膏或者化妆品质量安全相关专业知识，并具有5年以上相关专业从业经历。

第十三条 牙膏的功效宣称应当有充分的科学依据。牙膏备案人应当在备案信息服务平台公布功效宣称所依据的文献资料、研究数据或者产品功效评价资料的摘要，接受社会监督。

国家药品监督管理局根据牙膏的功效宣称、使用人群等因素，制定、公布并调整牙膏分类目录。牙膏的功效宣称范围和用语应当符合法律、法规、强制性国家标准、技术规范和国家药品监督管理局的规定。

第十四条　牙膏的功效宣称评价应当符合法律、法规、强制性国家标准、技术规范和国家药品监督管理局规定的质量安全和功效宣称评价有关要求，保证功效宣称评价结果的科学性、准确性和可靠性。

第十五条　从事牙膏生产活动，应当依法向所在地省、自治区、直辖市药品监督管理部门申请取得生产许可。牙膏备案人、受托生产企业应当建立生产质量管理体系，按照化妆品生产质量管理规范的要求组织生产。

第十六条　牙膏不良反应报告遵循可疑即报的原则。牙膏生产经营者、医疗机构应当按照国家药品监督管理局制定的化妆品不良反应监测制度的要求，开展牙膏不良反应监测工作。

第十七条　牙膏标签应当标注下列内容：

（一）产品名称；

（二）备案人、受托生产企业的名称、地址，备案人为境外的应当同时标注境内责任人的名称、地址；

（三）生产企业的名称、地址，国产牙膏应当同时标注生产企业生产许可证编号；

（四）产品执行的标准编号；

（五）全成分；

（六）净含量；

（七）使用期限；

（八）必要的安全警示用语；

（九）法律、行政法规、强制性国家标准规定应当标注的其他内容。

根据产品特点，需要特别标注产品使用方法的，应当在销售包装可视面进行标注。

第十八条　牙膏产品名称一般由商标名、通用名和属性名三部分组成。

牙膏的属性名统一使用"牙膏"字样进行表述。

非牙膏产品不得通过标注"牙膏"字样等方式欺骗误导消费者。

第十九条 牙膏标签禁止标注下列内容：

（一）明示或者暗示具有医疗作用的内容；

（二）虚假或者引人误解的内容；

（三）违反社会公序良俗的内容；

（四）法律、行政法规、强制性国家标准、技术规范禁止标注的其他内容。

第二十条 宣称适用于儿童的牙膏产品应当符合法律、行政法规、强制性国家标准、技术规范等关于儿童牙膏的规定，并按照国家药品监督管理局的规定在产品标签上进行标注。

第二十一条 牙膏及其使用的原料不符合强制性国家标准、技术规范、备案资料载明的技术要求或者本办法规定的，依照化妆品监督管理条例相关规定处理。

第二十二条 牙膏备案人、受托生产企业、经营者和境内责任人，有下列违法行为的，依照化妆品监督管理条例相关规定处理：

（一）申请牙膏行政许可或者办理备案提供虚假资料，或者伪造、变造、出租、出借、转让牙膏许可证件；

（二）未经许可从事牙膏生产活动，或者未按照化妆品生产质量管理规范的要求组织生产；

（三）在牙膏中非法添加可能危害人体健康的物质；

（四）更改牙膏使用期限；

（五）未按照本办法规定公布功效宣称依据的摘要；

（六）未按照本办法规定监测、报告牙膏不良反应；

（七）拒不实施药品监督管理部门依法作出的责令召回、责令停止或者暂停生产经营的决定；

（八）境内责任人未履行本办法规定的义务，或者境外牙膏备案人拒不履行依法作出的行政处罚决定。

第二十三条 牙膏的监督管理，本办法未作规定的，参照适用《化妆品注册备案管理办法》《化妆品生产经营监督管理办法》等的规定。

第二十四条 牙膏、牙膏新原料取得注册或者进行备案后，按照下列规则进行编号：

（一）牙膏新原料：国牙膏原注/备字+四位年份数+本年度注册/备案牙膏原料顺序数；

（二）国产牙膏：省、自治区、直辖市简称+国牙膏网备字+四位年份数+本年度行政区域内的备案产品顺序数；

（三）进口牙膏：国牙膏网备进字（境内责任人所在省、自治区、直辖市简称）+四位年份数+本年度全国备案产品顺序数；

（四）中国台湾、香港、澳门牙膏：国牙膏网备制字（境内责任人所在省、自治区、直辖市简称）+四位年份数+本年度全国备案产品顺序数。

第二十五条 本办法自2023年12月1日起施行。